バイク・トラブル 必携
解決マニュアル

太田 潤 著

大泉書店

本書を読んでいただく前に

　旅先で愛車に起こる不具合は、たとえ些細なトラブルでも動揺し不安になるのは初心者もベテランも同じです。しかしトラブル対策の道筋と方法を知っていれば解決策を見つけることができて落ち着いて対処できるでしょう。

　本書はそんなトラブル解決の道筋と方法を示す解説書であり、すべてのトラブルについて自己解決をすすめるモノではありません。トラブルの原因を探り、問題点を発見することができれば、たとえ自己解決できずショップに修理を依頼した場合の工賃にも納得できるハズです。

　トラブル初期段階でショップへ持ち込むことは、重修理が必要になる前の対策修理ができるので、作業工賃を安くすることにもつながります。

　ツーリング出発前には本書を一読して、自己解決可能なトラブル対策に必要な工具だけを持つことが肝心です。任意保険などのロードサービスを利用することは恥ずかしいことではなく、むしろ賢い選択だとも言えます。

　走行中に感じる多様なバイクからのインフォメーション（音や振動など）を無視することなく、少しでも異常を感じたら即停車して原因を探り、自己解決が可能か否かを判断してほしいと願っています。自己解決できない場合は無理をせずに速やかにショップやロードサービスに依頼することが本当の意味で得策なのだと心得てください。

　本書が貴方の安全で楽しいバイクライフの一助になれることを願っています。ピース！

太田 潤

CONTENTS

バイク・トラブル解決マニュアル

Chapter 1 出先でもあわてない、困らない!
よくあるトラブル・アクシデント　解決マニュアル

立ちゴケ・転倒したら
- まずはココをチェック!! ……………………………………………10
- 倒れたバイクの起こし方 ……………………………………………11
- 立ちゴケしないコツ
  - ●「バイクを垂直に保つ」がキーポイント …………………13
  - ●バランスを崩さない取りまわし方 ……………………………14
  - ●安全なメインスタンドの扱い方 ………………………………14
    - ◆立ちゴケする原因を考えてみよう ……………………15
- 曲がったミラーの調整方法 …………………………………………16
- アクセルが回らないときの調整法 …………………………………17
    - ◆転倒後にエンジンがかからないときは ………………17
- レバーが折れたときの応急処置 ……………………………………18
- レバーの交換
  - ●ブレーキレバーの交換 ………………………………………19
  - ●クラッチレバーの交換 ………………………………………20
- レバーの曲がりを直す ………………………………………………22
- ペダルの曲がりを直す
  - ●ブレーキペダルを直す ………………………………………23
  - ●シフト (チェンジ) ペダルを直す ……………………………23
- ペダルの交換
  - ●ブレーキペダルの交換 ………………………………………24
  - ●シフト (チェンジ) ペダルの交換 ……………………………25

エンジンがかからない!
CASE 1 セルは回るがエンジンが始動しない場合
- キルスイッチのポジション確認 ……………………………………27
- ガソリン残量の確認 …………………………………………………27
- プラグキャップの緩みをチェック …………………………………28
- プラグのクリーニング ………………………………………………28
- エアクリーナーのクリーニング
  - ●乾式のクリーニング方法 ……………………………………29
  - ●湿式のクリーニング方法 ……………………………………30
- キャブレターの不調はバイクショップに相談 ……………………31

プラグに火が飛ぶか？ 点火系統を確認 ……………………………31
　◆イリジウムプラグなどの高性能プラグ …………………………31

エンジンがかからない！

CASE 2　ランプ類は点灯するがセルが回らない場合
ギアがニュートラルになっているか確認 ……………………………32
キルスイッチのポジションを確認 ……………………………………33
セルモーターのヒューズの交換 ………………………………………33

エンジンがかからない！

CASE 3　メーター、ランプ類が点灯しない（弱々しい）場合
バッテリージャンプ、バッテリーの充電
　●バッテリージャンプの方法 ………………………………………34
　●バッテリーの充電方法 ……………………………………………35
　　◆押しがけの方法 …………………………………………………36
メインヒューズの交換 …………………………………………………37
バッテリーの交換 ………………………………………………………37

パンクした！

チューブレスタイヤのパンク修理 ……………………………………38
　　◆後輪の外し方 ……………………………………………………42
チューブタイヤのパンク修理 …………………………………………44
　　◆さて困った！　サイドスタンドしかないバイクの車輪の上げ方 ……50

ヘッドライトが点灯しない

ハイビームで走れる応急処置をする …………………………………52
バルブを交換する ………………………………………………………53

ストップランプがつかない

前後のブレーキランプスイッチの点検 ………………………………55
バルブの交換 ……………………………………………………………55
　◆こんな時はどうする？ スピードメーターが動かない ………56
　◆あわてない、困らない！
　　テール＆ストップランプが点灯しない時の対応策 …………57
　　■手信号を覚えておこう
　　■100円ショップの自転車用ランプで応急処置

ウインカーが点滅しない

バルブの交換 ……………………………………………………………58
ウインカーリレーの交換はバイクショップに相談 …………………59

　■**コラム 失敗から学ぶ**　ベテランライダーの「身になる」泣き笑い体験
　　　コケてわかった沖縄 濡れた路面の恐怖！……………………60

Chapter 2 異音、違和感、変な症状でわかる！
よくあるマシントラブル　解決マニュアル

● ヘンな音がする

ゴーッゴーッ（エンジンブレーキを強く感じる）
ハブベアリングの交換はショップに相談 …………………………………62

シャーシャーシャー（エンジンブレーキを強く感じる）
ブレーキキャリパーのオーバーホール、交換はショップに相談 ……63

ブレーキをかけるとガッガッガー
ディスクブレーキのパッド交換 ……………………………………64

後輪付近からシャー
チェーンへの注油 …………………………………………………68

後輪付近からガシャガシャ
チェーンの遊び調整 ………………………………………………70

いつもと違う排気音がする
マフラー（エンジン）とエキゾーストパイプのつなぎ目をチェック …73
　　◆まだまだアル！こんな音がしたらスグにショップへ相談！…74
　　　■エンジンから「カチカチ」「グワーン」「ギャーッ」
　　　■比較的低回転時にアクセルを開くと「カリカリキンキン」
　　　■アイドリング時にクラッチ付近から「ゴロゴロ」

● いつもと操作感覚が違う

ハンドルがふらつく（直進時にハンドルが曲がる）
フロントフォークのよれ ……………………………………………76
タイヤの空気圧チェックとエア入れ ………………………………77
過積載と積み方 ……………………………………………………77

ハンドルが引っかかる、重い、ガタつく
ステムベアリング関係の交換はショップに依頼 …………………78

アクセルが重い
ワイヤー＆グリップ部への注油と位置を戻す ……………………80

アクセルを開いても思うようにエンジンが反応しない
アクセルワイヤーの遊び調整 ………………………………………82

アイドリングが安定しない　エンジン回転が低い・高い
アイドリングの調整 …………………………………………………83

エンジンの回転がスムーズに上がらない
電極の摩耗チェックとクリーニング ……………………………84
プラグのギャップ調整 ……………………………………………85

エンジンの回転は上がるが速度が上昇しない
クラッチレバーの遊び調整 ………………………………………86

ニュートラルが出にくい
クラッチレバーの遊び調整 ………………………………………87

クラッチが好みではない
クラッチレバーの遊び調整 ………………………………………87

シフトミスが多発する
シフト（チェンジ）ペダルの調整 ………………………………88

深く踏まないとブレーキが効かない（好みの位置で作動しない）
ディスクブレーキのペダル調整 …………………………………90
ドラムブレーキのペダル位置（踏みしろ）調整 ………………92
　　◆ディスクブレーキの握り（踏み込み）具合でわかること ……92

変速時に後輪付近からガツンとショックがある
後輪ハブダンパーの交換 …………………………………………93

タイヤが滑るような感覚がある
空気圧の調整 ………………………………………………………94
　　◆加重（乗車）位置を変える ………………………………95

● おかしな症状がある

ガソリンくさい
フューエルラインの点検 …………………………………………96

しばらく走るとエンジンが不調になる
燃料タンクの通気穴の点検 ………………………………………97
　　◆給油でキャップを開けたらポン！と音がした ……………97

オーバーヒートになりやすい

- 水冷エンジンの場合　　ラジエター冷却液の点検 ……………………… 98
　　　　　　　　　　　　電動ファンの点検 …………………………… 99
- 空冷エンジンの場合　　エンジンの温度を下げる ……………………… 99
　　　　　　　　　　　　冷却フィンのクリーニング ………………… 100
- オイルクーラーの場合　冷却フィンのクリーニング ………………… 100

タイヤの空気が異常に減る

ムシ、バルブの点検 ………………………………………………… 101

段差でサスペンションがストッパーに当たる（サスの底つき）

ダンパーのオイル漏れをチェック ………………………………… 102
プリロード調整 ……………………………………………………… 103

■**コラム** 失敗から学ぶ　ベテランライダーの「身になる」泣き笑い体験
　　燃料計を安易に信じてはイケマセン！ ……………………… 104

Chapter 3　快適に走る、トラブルを防ぐ！
ライダーのための基礎知識＆役立ちノウハウ

車検・税金・保険・事故対応 知っておきたい！バイクまわりの知識

税金と車検のこと …………………………………………………… 106
自賠責保険（自動車損害賠償責任保険）のこと ………………… 107
任意保険のこと ……………………………………………………… 108
事故対応のこと ……………………………………………………… 109

[16のCHECK]でトラブル防止 やっておきたい！5分でできる乗車前点検

………………………………………………………………………… 110

ベテランライダー直伝　ツーリングで[役立つ＆困らない]ノウハウ

ノウハウ1　キーの紛失防止 ……………………………………… 116
ノウハウ2　携帯したいツール …………………………………… 118
ノウハウ3　工具の使い方 ………………………………………… 119
ノウハウ4　出先でのメンテ ……………………………………… 121
ノウハウ5　トラブらない運転
　　　　　　ADVICE 1　出やすい位置に駐車する ……………… 122
　　　　　　ADVICE 2　混合交通の走り方 ……………………… 123
　　　　　　ADVICE 3　雨天走行の心がけ ……………………… 124
　　　　　　ADVICE 4　高速道路の走り方 ……………………… 125
　　　　　　ADVICE 5　山間部の走り方 ………………………… 125

トラブルの状況やキーワードで検索
バイクトラブル INDEX ……………………………… 126

巻末付録
書き込みもできる
メンテナンス・ノート ツーリング・ノート
持ち物チェックリスト

本書の利用法

- 本書に記載のメンテナンス方法、修理術はあくまでも一般論です。メーカー推奨など各車種に合わせた修理、点検時期や方法を優先してください。
- 修理などは各自の自己責任において行ってください。自信がない場合は無理をせず、バイク販売店や専門店に相談することをおすすめします。

※本書に記載されたデータは、2014年5月現在のものです。

本書は以下のような構成が中心となっています。
それぞれの機能を理解していただいた上でご活用ください。

❶トラブルを抱えたまま走行する時の注意点

テーマとなっているトラブルや不具合を抱えたまま走行する時の注意点をあげています。出先で異常を感じた際などに活用ください。

❷1章トラブル時にチェックする項目と解決策
　2章トラブルのよくある原因と対策

1章では異常やトラブルの際に、まず確認すべき項目とその解決策を紹介しています。2章ではトラブルのよくある原因と対策を紹介しています。調整や修理の詳細は、以下に写真付きで（❸を参照）解説しています。

❸詳しい調整方法や修理方法

「ココをCHECK!」や「よくある原因と対策」で取り上げた項目の具体的な作業を紹介します。

❹作業の難しさ、所要時間、準備するもの

作業の難度や所要時間の目安、準備する工具や材料などを紹介しています。

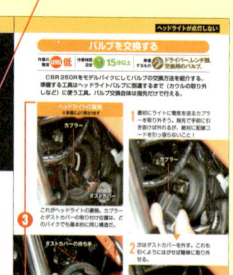

❺ アドバイス
　 ワンポイント
　 修理代の目安

本文で紹介できなかった予備知識や情報を、3つのアイコンに分けて紹介しています。
修理代の目安は、専門店に修理などを依頼する際にお役立てください。アドバイスやワンポイントでは、本文よりもさらに突っ込んだ解説や、修理を依頼する上でも知っておきたい作業の内容などを紹介しています。

Chapter 1

出先でもあわてない、困らない！
よくあるトラブル・アクシデント解決マニュアル

立ちゴケ、パンク、ライトがつかない、エンジンがかからない……。緊急時にスグ役立つノウハウが満載！

chapter **1** ●よくあるトラブル・アクシデント解決マニュアル

立ちゴケ・転倒したら

周囲の状況と安全を確認してバイクを引き起こそう！ 最初にガソリン漏れをチェックして、漏れていたら拭き取る。次に倒れて下になった側の車体損傷をチェック。走行可能なら修復＆修理は帰宅後でも遅くない。

まずはココをチェック!!

立ちゴケや低速域の転倒で損傷しやすいパーツの修復方法を解説するが、車体をチェックして損傷を受けた状態でも走行可能か否かを判断することが大切。

- ミラー
- クラッチレバー
- シフト（チェンジ）ペダル
- ブレーキレバー
- ブレーキペダル

立ちゴケ・転倒したら

ココをCHECK!

1 車体の左側はミラー、クラッチレバー、シフトペダルを点検 ➡ 曲がりは走行可能なら帰宅後に修正、折れは応急修理の後、修理交換

2 車体の右側はミラー、ブレーキレバー、ブレーキペダルを点検 ➡ 曲がりは走行可能なら帰宅後に修正、折れは応急修理の後、修理交換

倒れたバイクの起こし方

倒れたバイクはテコの原理を応用して起こすのが基本。地面に接地しているタイヤが支点で、力を入れる自分の手が力点だ。ツーリング中で荷物満載なら、面倒でも荷物を降ろしてから起こそう。

1 左側への転倒なら左手はハンドルグリップを持ち、左側にハンドルをいっぱいに切る。右手はバイク後方のグラブバー（後席搭乗者が握る部分）などを持ち、足腰の力も使えるように膝を折る。

上へ起こしてもダメ！

上へ引き上げると、バイク重量の多くが手と腕にかかるので大変。

2 膝や腰の力も使って、バイクを矢印の方向に押すイメージで力を入れる。

前へ押すイメージで起こす

右側に倒したら

バイクを右側に倒したときは、サイドスタンドを出してから起こすと、起こしたはずみで反対側へ倒す心配が減少する。

▼P12 へ続く

11

chapter 1 ● よくあるトラブル・アクシデント解決マニュアル

斜め上へ押すイメージ

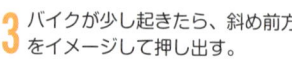

3 バイクが少し起きたら、斜め前方をイメージして押し出す。

4 ここまで起きたら、バイクのシートを右の太ももに当てる。

5 シートを当てた右太ももを、体の前方に少しずつ押し出す。

6 ほとんど起きたら、再び左右の手に力を入れてゆっくり垂直にする。不安なら少し左に傾けた状態で、シートを腰に当てると安定する。

立ちゴケ・転倒したら

立ちゴケしないコツ

地面のエグレや起伏を停止前にチェックして、安全に足が着ける場所であることを確認する。不幸にもバイクが大きく傾いたら無理に支えず（特に大型）ゆっくり倒すほうが身体も含めて被害が少ない。

立ちゴケしないコツ 1 「バイクを垂直に保つ」がキーポイント

バイクを地面に対して垂直にすればバランスがよくなり、車体の重さも感じない。

垂直がキープできれば、片手をアクセルからはなしてシートの上に置いても安定している。

ココがコツ！
バイクの垂直を保つ感覚を乗車したまま覚えることが重要。練習しよう！

垂直がキープできれば、このようにわずかな補助で自立させることもできる。

chapter **1** ● よくあるトラブル・アクシデント解決マニュアル

立ちゴケしないコツ 2 バランスを崩さない取りまわし方

ココがコツ!
バイクの一部を絶えず腰につけておき、バイクの重さを感じる所まで傾けない!

この程度（約5度の傾き）、自分側にバイクを傾けて腰とシートを接触させておくと安定する。

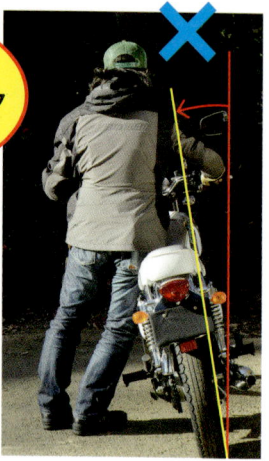

傾きが15度くらいになると、バイクの重さを感じて踏ん張る必要がある。ここまで傾けないようにしよう。

立ちゴケしないコツ 3
安全なメインスタンドの扱い方

メインスタンドを下ろす

左手はハンドルグリップをしっかり握る。

ココがコツ!
下ろす時はハンドルを少し右に切ると安定し、かける時は左手も同時に後方へ引く

ブレーキレバーを握る

フロントブレーキに指をかけ、バイクが自分側に傾くようにハンドルを少し右に切る。

腰をバイクにつけ、フロントブレーキを緩めながらバイクを前方に押し出す。

バイクを腰につけず、ブレーキも解除したままだとバランスを崩しやすい。

14

立ちゴケ・転倒したら

メインスタンドをかける

1 スタンドに足をかけ、2箇所ある接地部を地面に接触させる。

2 スタンドに全体重をかけるように強く踏みながら、右手はグラブバー（写真参照）などを持って斜め後方に力を入れる。

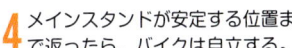

3 後輪が浮いたら足の踏み込みはそのままに、右手は後方に向かって引く。

4 メインスタンドが安定する位置まで返ったら、バイクは自立する。

▶▶▶ 立ちゴケする原因を考えてみよう ◀◀◀

立ちゴケの多くは、停止時に足を接地させる路面状態を見誤ることが原因だ。未舗装路なら慎重になるが、舗装路でもワダチなどで思わぬクボミになっていることもある。
路面の起伏確認は停車前に必ず行う習慣をつけたい。また、Uターンなどの低速旋回時もバランスを崩して転倒することが多発する。
低速旋回時は後輪ブレーキで速度調整すると、転倒リスクが軽減することも覚えておこう。

曲がったミラーの調整方法

立ちゴケすれば、必ずと言ってもよいほどミラー位置がズレる。鏡面部だけなら手で調整すればよいが、アーム部が回った場合は工具を使って再調整する必要がある。

緩んだミラーを工具は使わず、指先だけで簡易調整する方法。ミラーアームを適正位置の少し手前で留めたら、ロックネジを指先で締めてつかんでおく。最後はアームを適正位置まで押し込めば、簡易的にだがロックできる。

工具(オープンスパナ)を使って調整する方法だ。ロックネジを緩め、前後の適正な位置にアームを調整したらロックネジを締める。

ミラーの取り付け部は、レバーと連動していることもある。上下にズレた場合は、写真のネジ(上下2箇所)を緩めて、適正位置に調整して締めておこう。

右側も同じ方法で調整する。工具でロックネジを緩めたら、アームを前後に動かして適正位置でロックネジを締める。

立ちゴケ・転倒したら

アクセルが回らないときの調整法

　右側への転倒で当たり所が悪いと、アクセルエンド（端）が押し込まれて、アクセルがスムーズに回らなくなることがある。基本的には、バイクの中心に向かって押し込まれたアクセルを外側に引き出せば直る。

転倒でアクセルが押されて中側へ入ってしまった状態

ハンドルバー　**アクセル**

1 青い矢印の方向から強い力が加わると、アクセル部分全体がバイクの内側に押し込まれて、ハンドルバーとアクセルが接触して回らなくなる。

2 アクセル側のスイッチボックスの下に、ネジが2箇所あるのでコレを緩める。外す必要はない！　緩めればOK。

3 今度は写真のようにアクセルを外側に引き出す。ほんの数ミリ動かすだけで元通りになる。アクセルがスムーズに動いたら手順**2**のネジを締めて完了。

▶▶▶ 転倒後にエンジンがかからないときは ◀◀◀

　F-I車なら問題ないが、キャブレター車はエンジン始動が困難になることも。そんなときは、アクセルを全開（煽らない）にしたまま始動すると簡単に始動する。

※エフアイ

ワンポイント ＊ガソリンを霧状にして効率的に爆発させるシステムには、キャブレターとフューエルインジェクション（F-I・電子制御燃料噴射装置）の2種類がある。

chapter **1** よくあるトラブル・アクシデント解決マニュアル

レバーが折れたときの応急処置

レバーの材質がよくなり簡単には折れなくなったが、万一に備えて知っておきたい応急処置だ。2種類の修理方法を紹介するが、どちらも応急処置した後はできるだけ早期にレバー交換を行おう。

作業の難度 **LEVEL 低**

作業時間目安  **約15分**

準備するもの バイスプライヤー、針金、小型スパナ、プライヤー、エポキシパテなど

●走行時の注意点／ブレーキレバーが折れたら低速走行で後輪ブレーキを使う。

Before

瞬間的に強い衝撃が加わると、ポキッと折れるレバー。折れる時は簡単に折れる。

車載工具のスパナ(小)で

小型スパナ

1 折れたレバーを元通りに合わせたら、小型スパナを添え木にしてガムテープで固定する。

バイスプライヤーで

After

小型バイスプライヤーで、折れたレバーの先端をがっちりくわえ、落下防止のためにガムテープで補強する。

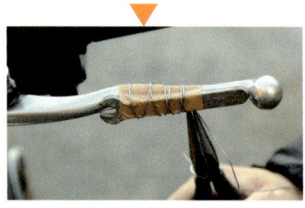

2 さらに細い針金を巻きつけてシッカリ締める。

4 金属用のエポキシパテ（充填剤）で修理箇所を覆うと、強度と耐久性が飛躍的に向上する。穴補修にも使えるので携行品に加えたい。

After

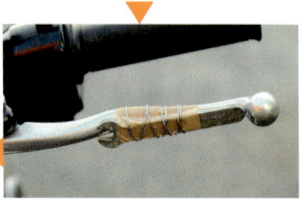

3 これで一応走行可能な状態になるが、針金なので緩みやすい。

18

立ちゴケ・転倒したら

レバーの交換

作業の難度	作業時間目安	準備するもの
LEVEL 低	**約15分**	**ドライバー、レンチ類、ウレアグリスなど**

　折れたレバーはできるだけ早期の交換が望ましい。旅先で購入できたら現地でもスグに交換したい。買えない場合は帰宅後に必ず交換しよう。

ブレーキレバーの交換

　ディスクブレーキ用レバーの交換は、支柱になるネジ1本で可能。レバーのガタツキが大きい場合は、このネジの摩滅が原因なので同時に交換するとよい。

支柱ネジ

1 ブレーキレバー下側にある支柱ネジのロックナットを最初に取り外す。写真はロングソケットレンチを使っているがメガネレンチでもOKだ。

2 マイナスドライバーを使って、支柱のネジを緩めながら外す。

新しいレバー

ネジの摺動部(右)と、交換するレバーのこの部分(左)にウレアグリスを塗る

3 支柱のネジを取り外すと同時にレバーも外れる。後は新品レバーと支柱ネジの摺動部(部品同士が擦れ合う部分・写真参照)にウレアグリスを薄く塗り、逆の手順で取り付ければ完了。

ワンポイント　ウレアグリスは耐候性に優れたグリスで、DIY店でも購入可能だ。

19

chapter **1** よくあるトラブル・アクシデント解決マニュアル

クラッチレバーの交換

カワサキ・エストレヤをモデルバイクに、ワイヤー式クラッチレバーの交換方法を紹介する。油圧クラッチのレバーはブレーキと同じく、支柱のネジ1本で交換できるので簡単だ。

支柱ネジ

ロングソケットレンチ

1 クラッチレバー下側にある支柱ネジのロックナットを外す。ここはロングソケットレンチを使うと作業性が向上するのでおススメだ。

支柱ネジ

2 ロックナットをレンチで緩めたら、落下に注意しながら指先を使って支柱ネジを取り外す。

3 上側から支柱ネジを緩めながら外す。これでクラッチレバーはフリーになり、車体前方に押せば取り外せる状態になった。

20

立ちゴケ・転倒したら

アジャスターのロックネジ
遊び調整用アジャスター
ワイヤーを通す切り込み

4 遊び調整用アジャスターのロックを緩めたら、アジャスターを遊びが大きくなる方向に回し、ワイヤーを通す切り込みを一直線に揃える。

5 レバー全体を車体前方側に移動させて、ブラケット（レバー装着部）から取り外す。

表

裏
A
ワイヤー　タイコ（ワイヤーの端）

6 レバーを裏返すと、写真のようにワイヤー最後端にあるタイコが見えるので、ワイヤーを手前に引いて取り外す。

7 レバーの取り付け部を真横から見ると、ワイヤーの端のタイコとレバーの切り込みの形状がわかる。各摺動部（部品同士が擦れ合う部分）にウレアグリスを薄く塗り、新品レバーを逆手順で取り付けて完了。

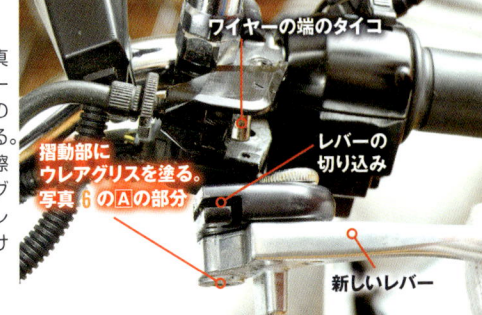

ワイヤーの端のタイコ
摺動部にウレアグリスを塗る。写真 **6** の **A** の部分
レバーの切り込み
新しいレバー

chapter **1** ●よくあるトラブル・アクシデント解決マニュアル

レバーの曲がりを直す

曲がったレバーを旅先で直すことは禁物！　走行可能ならそのまま走って帰宅しよう。修復には相当の工具が必要なので万人にはススメないが、高価なレバーならやってみるのも悪くない。

作業の難度 **LEVEL 中**

作業時間目安 **約10分**

準備するもの **バイス、バイスプライヤー、ガスバーナー、鉄パイプなど**

●走行時の注意点／修復したレバーに再度衝撃を与えると折れやすいことを覚えておこう。

Before

この程度の曲がりなら、少々扱いづらいが走行可能。出先ではいじらずに帰宅しよう。

1 曲がったレバーを取り外したら、固定式のバイス（万力）にくわえさせ、トーチバーナーで曲がった部分を中心に5分以上加熱する。

2 猛烈に熱くなっているので火傷に注意しながら、曲がりを直すように押し戻す。鉄パイプの使用が安全なのでススメル。

After

3 修復が完了したレバー。上手とは言えないが、実用上は問題ない形状に戻っている。

立ちゴケ・転倒したら

ペダルの曲がりを直す

走行可能な軽度の曲がりなら、そのまま慎重に走行して帰宅後に修復することが望ましい。走行不能なほどに曲がった場合は、現場で修復してしまおう。

作業の難度 **LEVEL 低**

作業時間目安 **5分〜**

準備するもの **バイスプライヤー、金属ハンマー、スパナなど**

●走行時の注意点／曲がったペダルはタッチに違和感が出るので、速度を控えて慎重に走行しよう。

ブレーキペダルを直す

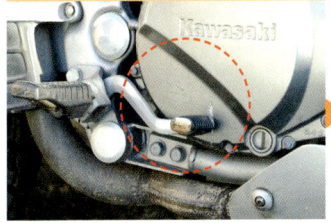

1 軽い立ちゴケが原因でブレーキペダルが曲がり、クランクケースカバーに接触（キズがある）している。

2 バイスプライヤーを使って外側に引っ張る。形状が合えば鉄パイプでも可能だ。ブレーキペダルは取り付けたままでも修復が可能だ。

シフト（チェンジ）ペダルを直す

Before

1 大きく内側に曲がったシフトペダル。このままではシフトチェンジに支障があるので曲がりを修復する。

2 シフトペダルの取り付け部に無理な力を加えるとオイル漏れを起こすので、ペダルを取り外してからハンマー（石）などで修復する。

After

3 ほぼ完璧な形状に戻ったシフトペダルだが、修復の際にキズがつくのは避けられない。

chapter 1 ●よくあるトラブル・アクシデント解決マニュアル

ペダルの交換

旅先で部品が調達できれば交換してもよいが、工具などの関係もあるので基本的には帰宅後の作業になる。カワサキ・エストレヤをモデルバイクに交換方法を解説する。

作業の難度 **LEVEL 中**

作業時間目安 **約15分**

準備するもの メガネレンチ、プライヤー(ラジオペンチ)など

ブレーキペダルの交換

1 ブレーキペダルを固定している、支柱になる部分のナットを外す。ここは安全のためにスパナではなくメガネレンチを使って作業しよう。

2 プライヤー(ラジオペンチ)などを使って、ストップランプスイッチとブレーキペダルを連動させているバネを取り外す(紛失注意!)。

3 ブレーキペダルを車体外側(写真手前)に引けばペダルは外れる。新品を逆の手順で取り付ければ交換完了。

立ちゴケ・転倒したら

シフト(チェンジ)ペダルの交換

1 モデルバイク特有かもしれないが、事前にステップを移動させる必要がある。固定用ネジを緩めるだけでOK。

2 シフトペダル取り付け部のネジを緩める。このネジも安全のためにスパナではなく、メガネレンチを使って作業しよう。

3 最後は指先を使って取り付け部のネジを外す。取り付け時も同じように下方向から付ける。

4 シフトペダルを写真手前側に引けば外れる。新しいペダルの取り付け時は、ペダル角度が変わらないように注意しよう。

25

chapter **1** よくあるトラブル・アクシデント解決マニュアル

エンジンがかからない！

Case 1
セルは回るがエンジンが始動しない場合

進化著しい最近のエンジンがセルで始動しなければ、あわてるし動揺もするだろうが、原因の多くは意外にも単純。ガソリン残量など燃料系統と、バッテリー状態などの電気系統のチェックが基本だ。これらを落ち着いて探れば解決方法は見つかる。

ココをCHECK!

1	キルスイッチのポジション	OFFになっていたらONに戻す
2	ガソリンの残量	燃料切れなら給油。キャブ車の場合、残量がわずかなら、燃料コックをリザーブに
3	プラグキャップの緩み	緩んでいたら、確実に取り付ける
4	プラグのかぶり	キャブ車で先端が濡れていたら、乾いた布で清掃後、ライターの火で乾燥
5	エアクリーナーの詰まり	乾式エアクリーナーは交換、湿式はクリーニングする
6	ガソリンがきているか	キャブレター内部の汚れやインジェクションの不具合は、バイクショップに点検依頼
7	点火系統の故障	プラグの電極に火が飛ぶかを確認

エンジンがかからない！

キルスイッチのポジション確認

多発するのがキルスイッチのポジションがOFFになっていることだ。エンジン停止をキルスイッチで行う習慣があると特に頻発するから、エンジン停止はイグニッションキーを使う習慣をつけよう。

車種によっては、キルスイッチがOFFでもセルモーターが回ることもある（始動しない）ので、まずはキルスイッチのポジションを確認。

ガソリン残量の確認

エンジンが進化した近年でも、始動トラブルの筆頭原因はガス欠。キルスイッチが正規の位置だったらガソリン残量をチェック！　まさかと思うかもしれないが、ささいなことからチェックするのが基本。

燃料計装備でも給油口を開けて残量をチェック。ガソリンが見えない場合は、バイクを左右に揺すって確認するが、もちろんこの時は火気厳禁！

ガソリン残量がわずかな場合は →

燃料コックが装備されているバイクなら、リザーブ（RES）の位置にして2〜3分後に再スタートをトライする。これで始動すればガソリン不足が原因だ。

27

chapter **1** ● よくあるトラブル・アクシデント解決マニュアル

プラグキャップの緩みをチェック

最新のダイレクト・イグニッション・システムでは、プラグキャップの緩みは起きにくいが、バイクの構造によってはイタズラされることもある。

作業の難度 **LEVEL 低**

作業時間目安 **1分以上**

準備するもの **プラグが外から見えない車種は、ガソリンタンクを外す工具類が必要。**

このようにプラグキャップが見える場合は、プラグコードの亀裂も同時にチェックしながらプラグキャップをキチンと押し込もう。

プラグのクリーニング

キャブ車ならプラグをチェック。排気口からガソリン臭がしたら、まずはアクセル全開(開閉しない)で再スタートをトライ!

作業の難度 **LEVEL 低**

作業時間目安 **10分〜**

準備するもの **プラグレンチ。ガソリンタンクを外す場合は、その工具類が必要。**

1 アクセル全開で始動しない場合はプラグを外し、先端が濡れていたらきれいな布で拭く。乾いていたらガソリンがきていない証拠。

電極

焼いて乾かす

2 さらに、先端の電極をライターなどで充分に焼いてから取り付ける。プライヤーなどでつかみ、火傷に注意しよう。

エンジンがかからない！

エアクリーナーのクリーニング

定期的に清掃＆交換をしていれば旅先であわてることはないが、メンテナンスを怠るとプラグがかぶって、始動困難やエンジン不調による燃費の悪化を招く。

作業の難度 **LEVEL 中**

作業時間目安 **30分〜2時間程度**

準備するもの **エアクリーナーを外す工具類、ドライバー、レンチ類など。**

乾式のクリーニング方法

ジャバラに折りたたまれた濾紙(ろし)にホコリなどが付着する

1 メンテナンス不要のビスカス式の濾紙(ろし)。黒く見える部分が汚れ。この程度ならまったく問題なく使える。清掃は不要だが定期交換が必要。

2 ビスカス式の濾紙は、エアーを吹く清掃は禁物！　壁などに軽く叩きつけて大きな油汚れを落とすだけだ。

写真下は乾式の濾紙。軽く壁などに叩きつけるか、高圧エアーでホコリを吹き飛ばして清掃する必要がある。メーカー指定の交換時期には新品に換えることも大切だ。

29

chapter 1 よくあるトラブル・アクシデント解決マニュアル

湿式のクリーニング方法

1 洗浄すれば繰り返し使える湿式エアクリーナーだが、一部でも切れや破損がある場合は即新品に交換したい。元に戻す時に備えて、取り付け方向を覚えておこう。

2 洗浄は灯油を使って優しく押し洗い。ガソリンの揮発性は魅力だが危険なので使用厳禁！ ゴム手袋で行おう。

3 洗浄後はフィルターに染みこんだ灯油を布などに吸わせる。上下に布を置き、はさんで押すように行う。

4 灯油が乾くまで乾燥させる。ホコリを付着させたくないので、風がない日の作業がいい。

5 乾燥が済んだら、専用のフィルターオイルを前面（空気が入る側）に塗布して完了。2サイクルオイルでも代用可能だ。

エンジンがかからない！

キャブレターの不調はバイクショップに相談

ある程度の整備経験と工具が揃っていればキャブレターの分解清掃も可能だが、バイク初心者にはススメない。キャブが原因（F-I車も同様）と思ったらバイクショップに相談しよう。

長期間乗らない時は、キャブレターのガスを抜く

しばらく乗らない場合（キャブ車限定）は、キャブレターに残ったガソリンを抜いておくと、次回の始動が簡単になる。コックをOFFにして、エンジンが止まるまでアイドリングさせても同じ効果が得られる。

ドライバーの先端にあるのがガソリンを抜くネジ。緩めてガソリンを出し切るまで待ってから締めて完了。

プラグに火が飛ぶか？ 点火系統を確認

プラグを外したら再度プラグキャップに取り付け、プラグの一部をエンジンと接触させる。この状態でセル（キック）を回して、プラグの先端から火花が出れば点火系統が生きている証拠。

作業の難度 **LEVEL 低**

作業時間目安 **5分以上**

準備するもの **プラグが外から見えない車種は、ガソリンタンクを外す工具類が必要**

プラグから火花が飛ばないときはプラグ交換だが、それでもダメならショップに相談だ。セルを回すと高圧電力が流れるので感電注意！

▶▶▶ イリジウムプラグなどの高性能プラグ ◀◀◀

独特な電極形状が特徴的な高性能プラグたちは、高性能だが耐久性には少し疑問が残るというのが一般的評価。ワイヤーブラシでの清掃も禁物で、交換が前提のプラグといえる。

イリジウムプラグ

ノーマルプラグ

左のイリジウムプラグも高性能プラグのひとつ。ノーマルプラグと比較すると電極の形状の違いがわかる。

chapter **1** よくあるトラブル・アクシデント解決マニュアル

エンジンがかからない！

Case 2
ランプ類は点灯するがセルが回らない場合

最初にバッテリーの衰弱を疑ってしまうが、日常定期的に走っているバイクならほかの原因も探る必要がある。バッテリー本体の確認の前に、簡単な項目から点検しよう。もしもセルが「グウッ、グウッ」とやっと回る状態ならバッテリーの衰弱が原因だ。

ココをCHECK!

1	ギアのポジション	▶ ギアが入っていたらニュートラルに
2	キルスイッチのポジション	▶ OFFになっていたらONに
3	セルモーターのヒューズ	▶ ヒューズ切れの場合は交換
4	セルモーターの故障や断線	▶ バイクショップに修理依頼

ギアがニュートラルになっているか確認

ギアが入った状態でエンジンを始動して急にバイクが走り出す危険回避のため、ギアが入っているとセルモーターが回らない安全装置が付いている。確実にニュートラルポジションにあるか確認！

ニュートラルランプの点灯確認をする。点灯していても再度ギヤを動かし、改めてニュートラルにして再トライ。

32

エンジンがかからない！

キルスイッチのポジションを確認

車種によってはキルスイッチがOFFでもセルモーターが回ることもあるが、アレッ？と思ったら、無駄に長時間セルを回さず、すぐにキルスイッチのポジションを確認しよう。

キルスイッチのポジションがOFFになっていることは多発する。身に覚えがなくてもイタズラされることもある。

セルモーターのヒューズの交換

 作業の難度 **LEVEL 低** 作業時間目安 **5分〜** 準備するもの **ドライバー、レンチ類など。**

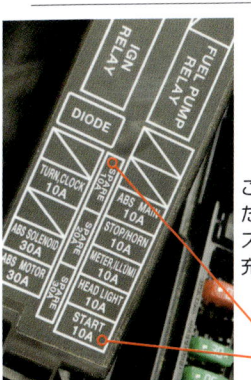

セルモーターだけがウンともスンともいわない時は、ヒューズを点検しよう。メインヒューズボックスとは別のヒューズボックスに、セルモーターのヒューズがある。切れていたらスペアと交換する。

このバイクの場合は「start」と表記されたヒューズが、セルモーターのヒューズ。スペアと交換したら、スグにスペアを補充しておくことを忘れずに。

スペアのヒューズ
セルモーターのヒューズ

この部分が断線していると、ヒューズ切れになる

断線のチェックはココ！

ヒューズはこのように指先で引き抜くか、車載工具に専用ツールがあればソレを使って引き抜く。

これがヒューズ。サイズに大小があるが基本的な構造は同じだ。

ワンポイント 上記のヒューズ交換をする場合、車種によってはヒューズにたどりつくまでに工具が必要な場合もある。

chapter 1 ● よくあるトラブル・アクシデント解決マニュアル

エンジンがかからない！

Case 3
メーター、ランプ類が点灯しない（弱々しい）場合

原因の多くはバッテリーの寿命による電圧不足だが、充電量を調整しているレギュレータが原因の場合もあるので正確な判断にはテスターが必要だ。交換したばかりのバッテリーが電圧不足を起こすようなら、レギュレータが怪しいのでショップに相談しよう。

ココをCHECK!

1 バッテリーあがり → あがっていたら他車からのジャンプまたは充電

2 メインヒューズ → ヒューズが切れていたら交換

3 バッテリーの寿命など → 寿命の場合はバッテリー交換

バッテリージャンプ、バッテリーの充電

作業の難度 **LEVEL 低**　作業時間目安 **10分～**　準備するもの **ブースターケーブル**

　バッテリージャンプとは、他車のバッテリーから電気をもらってエンジンを始動させること。補給側のバッテリーは弱ったバッテリーより大型が望ましい。再発もあり得るので、ジャンプ後はまず帰宅しよう。

バッテリージャンプの方法

1 バッテリーと他車のバッテリーを繋ぐ赤いブースターケーブルを、弱ったバッテリーの赤いカバーの（＋極）に繋ぐ。

弱ったバッテリー

エンジンがかからない！

2 黒いブースターケーブルを、弱ったバッテリーの車体（金属部）に繋ぐ。

弱ったバッテリー

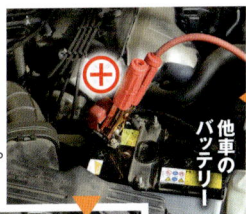

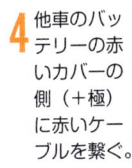

4 他車のバッテリーの赤いカバーの側（＋極）に赤いケーブルを繋ぐ。

他車のバッテリー

3 他車に取り付ける側の先端同士が接触すると、電装部品が破損して大変なことになるので要注意！

5 他車のバッテリーの黒いカバーの側（－極）に黒いケーブルを繋いでエンジンを始動。

バッテリーの充電方法

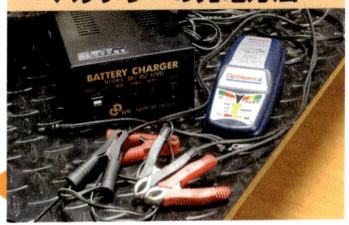

1 正常なバッテリーで「2週間に1度、1時間以上走行」すれば不要だが、乗らないバイクは1ヶ月に一度は充電したい。MFバッテリーには必ず写真のようなMF専用充電器を使うこと。充電器は小型のほうがバッテリーに優しく充電する。

2 バッテリーの電極に赤いカバーがある方が＋極なので、充電器の赤いコードを繋ぐ。黒いコードは－極用なので、車体の金属部（ここではネジ）に繋いでアースしてから、電源を入れて充電開始。後は充電器の指示に従って充電を完了させる。

35

chapter 1 よくあるトラブル・アクシデント解決マニュアル

▶▶▶ 押しがけの方法 ◀◀◀

F-I車は、セルがやっと回る程度の電圧が残っていないと燃料ポンプが作動しないので、押しがけはできない。自分ひとりで押しがけする方法もあるが、初心者には危険を伴う。押しがけが必要になったら、下記の安全な方法でトライしてみよう！

下り坂を利用して自分で

1 バイクを坂の上に押し上げたら車首を坂の下に向け、クラッチを握りキーを回して電源を入れる。

2 ギアを3速か小排気量なら2速に入れる(カワサキのバイクは、エンジンが始動していないと1速にしか入らない)。

3 足で地面を蹴って弾みをつけて坂を下り、人間が走る位の速度になるまでクラッチを握って待つ。

人に押してもらう

下り坂でつく惰性を人力に頼る以外、手順は下り坂利用と同じ。ステップに立ち、クラッチを離すと同時にシートにドカンを体重をかけよう！

4 速度が上がったら一気にクラッチを離し、それにタイミングを合わせてシートにドカンと体重をかける。エンジンが始動したら、即クラッチを握ってアクセルを煽る。

エンジンがかからない！

メインヒューズの交換

今までバッテリーは元気だったのに、突然電気系統が全滅したら、最初にメインヒューズを疑う必要がある。切れていたらスペアに交換するが、再発する場合は早めにショップに相談しよう。

作業の難度 **LEVEL 低**

作業時間目安 **5分〜**

準備するもの **スペアのヒューズ、レンチ、シートを外す工具など**

ヒューズの交換方法はP33と同じ

新車購入ならスペアヒューズが装備されているが、中古車なら自分で点検し、なければ補充する。予備がないからとアルミ紙などで代用するのは火災の原因になるので厳禁！

バッテリーの交換

作業の難度 **LEVEL 中** ｜ 作業時間目安 **20分** ｜ 準備するもの **スパナ、ドライバーなど**

値上がりが著しいバッテリーだが、ネットショップでは比較的安価なバッテリーが売られている。安価なバッテリーは使用前に完全に充電してから使うのが長持ちさせるコツ。安全な交換方法を知っておこう。

1 シートやサイドカバーを外してバッテリーにたどりついたら、黒いコード（－極）を最初に外す。

2 次に赤いカバーがしてある（＋極）を外す。ドライバーを使っているがスパナも使える。自車の状況で選択しよう。

3 古いバッテリーを車体から取り外し、新しいバッテリーを逆手順（＋、－の順）で取り付ければ完了。廃バッテリーは必ず法令に従って確実に処理すること！（業者に引き取ってもらう）

chapter 1 ●よくあるトラブル・アクシデント解決マニュアル

パンクした！

道路に落ちている異物が刺さったり、タイヤが尖ったモノにあたることで起こるパンクは、異物が溜まった路肩走行をしない！　4輪車のトレースライン（轍）付近を走行するだけでも発生確率を減らすことができる。

チューブレスタイヤのパンク修理

トレッド（道路に接地する面）にあいた小さな穴なら自分で修理してみよう。車体・ホイールからタイヤを外す必要もなく、使用工具は小型軽量なので、ツーリング・ギアのひとつとして常備したい。

修理用具

作業の難度　LEVEL 中

作業時間目安　30分

準備するもの　パンク修理キット、エアポンプ、エアボンベ、プライヤー、カッターなど

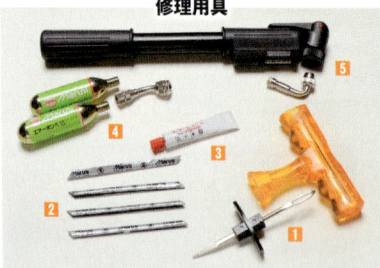

1. **専用ツール**／修理する穴を整えたり、穴をふさぐゴムを注入するときに使う。上の黄色い部分がグリップ、下のとがった金属が針とキリ（リーマー）の役割をする。
2. **シール材**／穴をふさぐためのゴム材。専用ツールに同梱（セット売り）されているものを使う。
3. **ラバーセメント（接着剤）**／シール材の付きをよくするゴムのり。これも専用ツールに同梱されていることがある。
4. **携帯用エアボンベ**／持ち運びが便利で、ツーリング先のパンク修理にも最適。走行に必要な最低限の空気圧を得ることができる。右側の金属は専用のエアチャック（差し込み口）。
5. **携帯用エアポンプ**／コンパクトなエアポンプ。小型バイクならこれで規定空気圧まで充填も可能。エアボンベだけでは空気圧が不足する場合にも便利。

パンク修理手順早わかり

1. 穴を見つける
2. 穴を整える
3. シール材の挿入
4. エアを入れる

❶ 穴を見つける

1 異物が残っていたらソコがパンク箇所だが、パンクの原因の異物が抜け落ちている時は、薄めた洗剤を塗って空気が漏れる穴を探す。

38

パンクした！

2 異物があればプライヤーなどで引き抜く。穴がタイヤの側面の場合や、裂けた状態なら専門店に相談だ。

❷ 穴を整える

3 専用ツールを組み合わせ、先端のとがった（リーマー）部分をパンク穴に差し込み、グリグリ回して穴の大きさを整える。ラバーセメントをたっぷり塗ってから行うのがコツ。

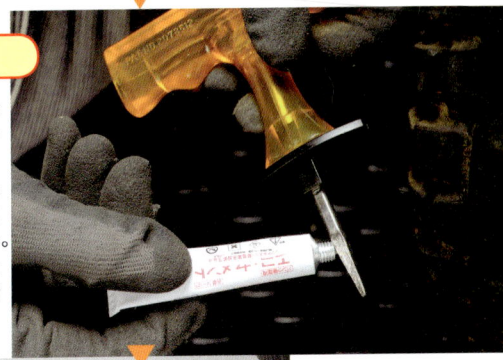

リーマーは真っすぐに押し込む

4 たとえ異物があけた穴が斜めでも、リーマーを使って穴を真っすぐにあけ直すことがポイント。強く押し込もう！

深く押し込み、力を入れてグリグリねじるように動かす

5 リーマーをねじるように動かすことでラバーセメントを穴の内に広げ、穴の大きさを整えることができる。

▼ P40 へ続く

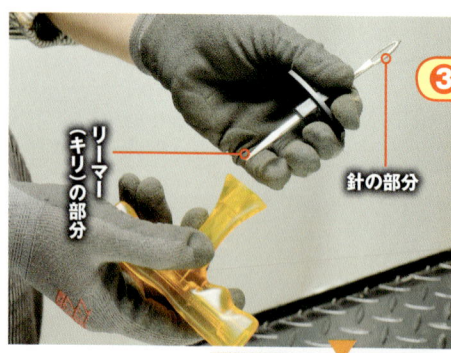

chapter **1** よくあるトラブル・アクシデント解決マニュアル

③ シール材の挿入

リーマー(キリ)の部分
針の部分

6 専用工具の先端工具を入れ替えて針状にする。内部に塗ったセメントが乾かないよう、入れ替え作業は手早くしよう！

シール材

7 シール材の乾燥防止カバーをはがしたら、針穴に通してセメントをたっぷり塗る。ラバーセメントをケチってはイケナイ！

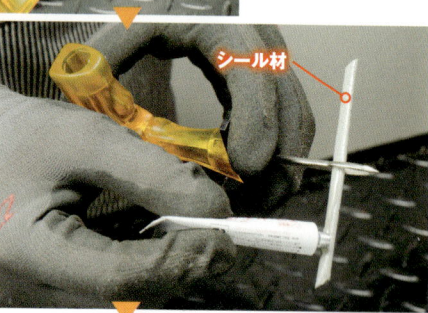

8 針状の先端工具につけたシール材を穴に深くゆっくり押し込む。これでシール材がタイヤの穴をふさいでくれる。

シール材を少し出す

9 押し込んだらスグにゆっくり引き抜くが、シール材が少し見えたら引くのを止める。

40　アドバイス　パンクの多くは、前輪が跳ね起こした異物を後輪が拾うことで発生する。

パンクした！

このパンク修理は応急処置ではない。空気が漏れていなければ、このまま使用して大丈夫

こんな状態になれば穴はふさがっている

10 表に出てきたシール材は余分だ。タイヤの接地面と均一になるようにカットしておこう。

少々不細工だが、シール材は走行熱で溶けてタイヤとなじみ、目立たなくなるのでコレで問題ない。

④ エアを入れる

エアボンベで足りない場合は、携帯用エアポンプで補充も

パンク修理を終えたら空気漏れの確認（洗剤や唾液を塗る）と、ガソリンスタンドなどで適正空気圧にすることをお忘れなく！

11 携帯用エアボンベを使って空気を入れる。使用時には専用のエアチャックを取り付けること。使いきりなので再使用はできない。

ワンポイント タイヤが大きく裂けたり、サイドウォール（側面）が破れた場合は、タイヤ交換や専用パッチ（ゴムの補修パーツ）が必要になるので専門店に修理を依頼しよう。パンクだけなら修理代の目安は2000円程度からだ。

chapter **1** ● よくあるトラブル・アクシデント解決マニュアル

▶▶▶ 後輪の外し方 ◀◀◀

44ページから解説するチューブタイヤのパンク修理に不可欠な、後輪の外し方をドラムブレーキ仕様のバイクをモデルに解説する。ディスクブレーキ仕様のバイクなら、ブレーキ関係に手をつけなくても外せるので作業はさらに簡単だ。

準備するもの 車載工具（スパナ➡アクスルシャフトのボルト用、アクスルシャフト用レンチ➡ロックナット用、延長工具）、プライヤー、メガネレンチ、ハンマー

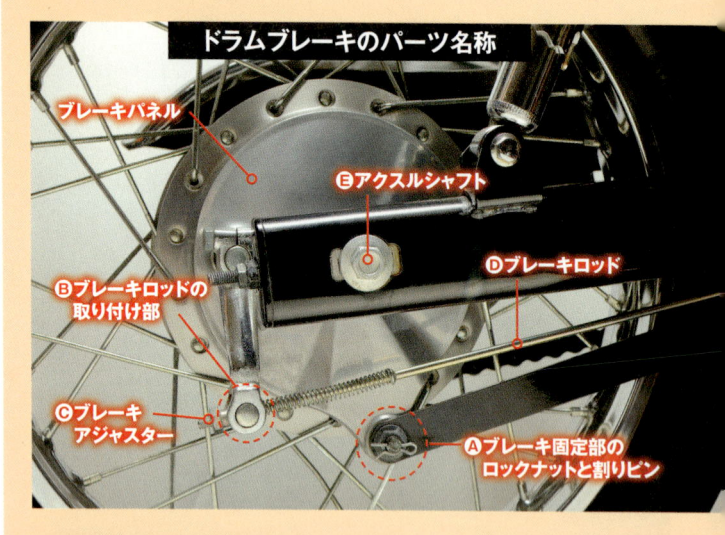

ドラムブレーキのパーツ名称

- ブレーキパネル
- Ⓔ アクスルシャフト
- Ⓓ ブレーキロッド
- Ⓑ ブレーキロッドの取り付け部
- Ⓒ ブレーキアジャスター
- Ⓐ ブレーキ固定部のロックナットと割りピン

1 Ⓐ 割りピン

最初にブレーキ固定部にある割りピンを抜いておく。写真の割りピンは再利用可能だが折り曲げ式は交換。

2 Ⓐ ブレーキ固定部のロックナット

ブレーキ固定部のロックナットを緩めてネジを外すが、工具は必ずメガネレンチを使おう。

3
- Ⓔ アクスルシャフト
- Ⓑ ブレーキロッドの取り付け部
- Ⓒ ブレーキアジャスター

次にブレーキロッドの取り付け部を外す。ナット取り付け部を前方へ押しながら、ブレーキアジャスターのナットを緩めて外す。

アクスルシャフトのロックナットに割りピンがあれば、プライヤーなどで外しておこう。割りピンは使い捨て、新品交換が理想的。さらにチェーン調整用のネジ（アジャストナットとロックナット。これは左右にある）を充分に緩めておこう。

4
- アクスルシャフトのロックナット
- アクスルシャフトのロックナットは、車輪をはさんで写真3の反対側にある
- 割りピン
- アジャストナットとロックナット

続けて手順4と反対側のアクスルシャフトのロックナットを緩める。このときは、反対側のアクスルシャフトのナットが共回りしないようにレンチなどでおさえよう。こちら側のチェーン調整用アジャストナットとロックナットも忘れずに緩める。

5
- Ⓔ アクスルシャフト
- アジャストナットとロックナット

6
アクスルシャフト用レンチ（ロックナット用）で、手順4のアクスルシャフトのロックナットを外す。

7
- 引き抜く
- プラハンマーなどで軽く叩いてアクスルシャフトを抜く

ここで後輪を前方に押したら、写真左側からプラハンマーなどでアクスルシャフトを軽く叩いて引き抜く。

8
アクスルシャフトが抜けてタイヤが下がったら、後輪をさらに車体前方に押してチェーンを外す。

タイヤを斜めにして車体後方に引くようにすると、後輪が取り外せる。チェーンは写真のようにスプロケットに干渉(接触)しないように注意。

9

43

chapter 1 ●よくあるトラブル・アクシデント解決マニュアル

チューブタイヤのパンク修理

スポークホイール車に多く採用されるチューブタイヤ。特に最近の高剛性タイヤのパンク修理は大変な作業になる。知識としては知ってほしいが、現実的には任意保険のロードサービスなどを使ってショップに依頼するのが賢明だ。パンクしたままの走行は危険なばかりではなく、タイヤとチューブがダメになるので厳禁！
※修理代の目安は 4000円～。

作業の難度 **LEVEL 高**
作業時間目安 **1時間以上**
準備するもの **タイヤレバー、パンク修理のり＆パッチ、レンチ類**

修理用具

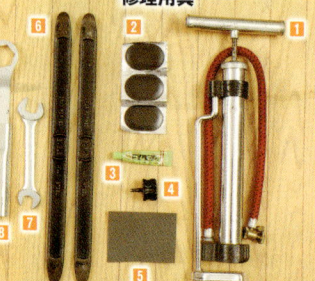

1. **エアポンプ**／写真は携帯用。大きなポンプになるほど操作性はよい。
2. **パッチ**／チューブの穴に貼るゴムパッチ。
3. **ゴムのり**／2のパッチをチューブに貼る接着剤。
4. **バルブ回し（ムシ回し）**／チューブのムシ（空気入出バルブ）を回す工具。
5. **サンドペーパー**／パンクした穴面を平滑にする。中目が好ましい。
6. **タイヤレバー**／タイヤを外す工具。長い方が使いやすい。
7. **スパナ**／チューブのバルブナットを外す。車載工具のスパナでも可。
8. **レンチ（アクスルシャフト用）**／車載工具だが、延長工具と組み合わせて使う。

パンク修理 手順早わかり

1. タイヤを外す～チューブを取り出す
   ↓
2. 穴をさがす～パッチを貼る
   ↓
3. チューブとタイヤを戻す

① タイヤを外す～チューブを取り出す

下側を保護するためボロ布などを敷くことをススメる

1. 最初にバルブ回しでバルブコア（ムシ）を外し、タイヤに残っている空気を完全に抜く。

2. バルブをホイールに固定している、バルブ固定用ナットをスパナで外す。

3 下側の部品に傷をつけないように注意しながら踏みつけ、タイヤのビード（耳）を足で踏んで落とす。ソールが堅いブーツが好ましい。

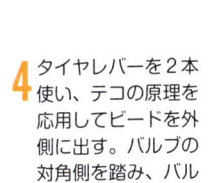

ビード（耳）

4 タイヤレバーを2本使い、テコの原理を応用してビードを外側に出す。バルブの対角側を踏み、バルブ付近から開始。

上へ起こして外す

バルブ

膝で押す

5 タイヤレバーを少しずつ移動して、ビード全周を外へ出す。タイヤレバーでチューブをはさんで傷つけないように注意しよう。空いたレバーはビードが落ちないように噛ませておくとよい。

ボロ布などをはさみ、ホイールにキズをつけないように

ビード

▼ P46 へ続く

45

chapter **1** ● よくあるトラブル・アクシデント解決マニュアル

6 ビードがすべて外側に出たら、修理後のホイルバランスを狂わせないため、バルブの位置をタイヤにマークしておこう。

7 ビードがすべて外れたら、バルブを指先で押し込みチューブを引き出す。ホイールの裏側にゴムがあるのでズレに注意しよう。

チューブ

8 チューブを取り出したら、パンク穴を探すためバルブにムシを取り付けて空気を入れる。

ここがパンクの原因

ツメでこすって印をつけるとよい

❷ 穴をさがす〜パッチを貼る

9 チューブのパンク穴を見つけたら必ずマークしておこう。

46

アドバイス　手順 6 のようにバルブ位置でタイヤにマークをつけておくと、手順 10 でパンクの原因になった異物を探すのも簡単になる。

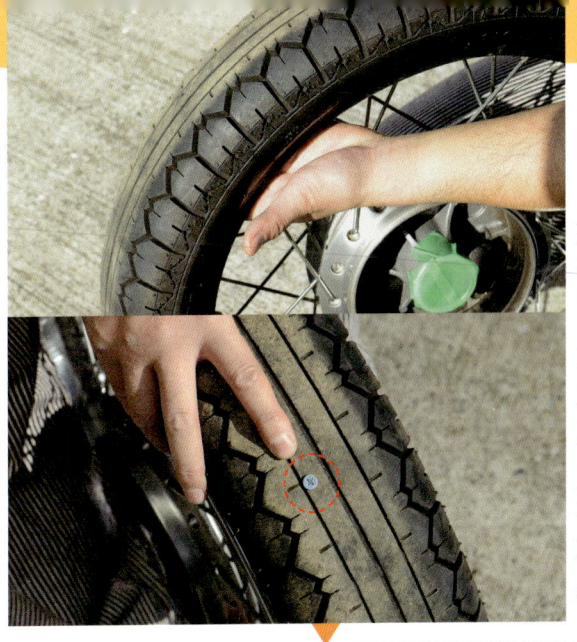

10 タイヤに異物が残っていたら抜く。異物が残っていない場合は、タイヤにつけたマークとバルブ位置から見当をつけ、タイヤ内側に手を入れて異物を探す。

11 パンク穴周辺をサンドペーパーでこすり、チューブを平滑にして油分を除去する。紙ヤスリは100番〜中目が好ましい。

12 サンドペーパーでこすって出たゴミを拭き取ったら、パッチの大きさより少し広く、薄くラバーセメントを塗り、5分ほど乾燥させる。

▼ P48 へ続く

47

chapter **1** よくあるトラブル・アクシデント解決マニュアル

パッチ

13 ラバーセメントが指先につかない程度に乾燥したらパッチを貼る。空気を抜き、密着させるようにドライバーの頭などで叩く。

③ チューブとタイヤを戻す

14 少し乾燥させたらチューブに空気を入れて漏れのチェック。石鹸水を利用すると簡単だが、頬で漏れを感じるのも有効だ。漏れがなければチューブをバルブ位置からタイヤ内に戻す。

15 ここでバルブがリムの内側に落ちないようにバルブ固定用ナットを仮止めしたら、バルブコア（ムシ）を取り付けて一度空気を入れると、チューブのねじれが補正されて後の作業が楽になる。

パンクした！

16 再度バルブコアを外して空気を抜いたら、タイヤのビードをホイルに収める。バルブの対角側から始めるのが基本。

滑りをよくするビードクリームや中性洗剤を使うと少し作業が楽になる

17 タイヤレバーと膝を使いながら、少しづつリムにタイヤのビードを収める。タイヤレバーでチューブを傷めないように注意しよう！

18 ビードがすべてホイルに収まったら、タイヤの接地面全周を、トントンと地面にはずませるように叩きつけてなじませる。バルブ固定用ナットを本締めしたら空気を入れて完了。
※空気の入れ方はチューブレスタイヤのページ（P41）を参照。

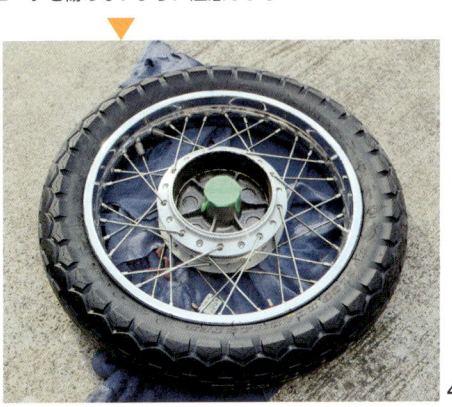

49

chapter 1 よくあるトラブル・アクシデント解決マニュアル

▶▶▶ さて困った！ ◀◀◀
サイドスタンドしかないバイクの車輪の上げ方

メンテナンスや簡単な修理にメインスタンドは重宝な存在だが、スポーツバイクには装備されていない車種が多く残念。自宅なら専用メンテナンススタンドが便利だが、旅先でも使える応急的な車輪の上げ方を紹介する。できるだけ助手を頼み安全に作業しよう。

後輪を上げる

横から

壁や柱（電信柱）などに、サイドスタンドを支点にしてバイクを寄りかからせると後輪側が浮く。しっかり寄りかからせないと、少し力を入れただけでバイクが落ちてくるので注意しよう。

後ろから

自動車の車載パンタジャッキを使う場合は、基本的に高さが足りないので角材などでカサ上げする。パンタジャッキは伸びきった状態だと不安定なので注意。

前輪を上げる

写真のような丸太やビールケースなど、バイクの地上高よりも高さ（カサ）があり、安定するモノを用意する。

サイドスタンドを支点にしてスタンド側にバイクを倒しながら、丸太をエンジンガードの下側に押し込む。助手がいると安全だ。

エンジンガードがないバイクは、エキゾーストパイプを回避しながらエンジンをのせよう

後輪を支点にしてバイクを引き起こしながら、丸太にエンジンガードをのせる。ココは少々、カワザになる。

丸太にエンジンガードがのって前輪が浮いたら、安定する位置に少しずつバイクを移動。

完全に前輪が浮いたが、作業には助手がいると安全だ。降ろす時は逆の手順でやればOK。

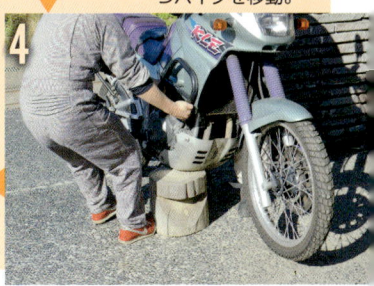

chapter 1 ● よくあるトラブル・アクシデント解決マニュアル

ヘッドライトが点灯しない

ヘッドライトの常時点灯は義務化されている。ライトのON・OFFスイッチがある古いバイクでも常時点灯が義務だ。ヘッドライトは暗い夜道を照らす以外に、自分の存在を周囲に知らせる働きがあることを忘れてはイケナイ。

● 走行時の注意点／常時ハイビームでの走行は対向車の迷惑になるので慎みたい。自分は見えても他車から見えない無点灯走行は絶対厳禁。

ココをCHECK!

1 ハイビームが点灯するか → 点灯すれば応急処置を。切れていればバルブ交換

2 ヘッドライトバルブの点検 → 球が切れていたらバルブ交換

ハイビームで走れる応急処置をする

作業の難度 **LEVEL 低** ／ 作業時間目安 **約5分** ／ 準備するもの **紙、ガムテープ、ドライバーなど**

バルブ切れの多くは、常時点灯しているロービーム側。緊急措置としてハイビームを使って走行するが、対向車を幻惑させず、ライトの発熱でガムテープが溶ける心配もない対処法だ。

1 コピー用紙やノートなどの紙で、ヘッドライトの上側1/3位を覆うようにする。

2 ヘッドライトの周囲にテープを貼って紙を貼りつける。ライトの前面にテープを貼らないこと。

3 これで対向車に迷惑をかけずにハイビームが使える。ライト前面にテープを貼ると、熱で溶けた粘着物の処理が大変！

ヘッドライトが点灯しない

バルブを交換する

| 作業の難度 | **LEVEL 低** | 作業時間目安 | **15分以上** | 準備するもの | **ドライバー、レンチ類、交換用のバルブ** |

CBR250Rをモデルバイクにしてバルブの交換方法を紹介する。準備する工具はヘッドライトバルブに到達するまで（カウルの取り外しなど）に使う工具。バルブ交換自体は指先だけで行える。

ヘッドライトの裏側
※車種により異なります

カプラー
ダストカバー

これがヘッドライトの裏側。カプラーとダストカバーの取り付け位置は、どのバイクでも基本的に同じ構造だ。

1 最初にライトに電気を送るカプラーを取り外そう。指先で手前に引き抜けば外れるが、絶対に配線コードを引っ張らないこと！

カプラー

2 次はダストカバーを外す。これも引くようにはがせば簡単に取り外せる。

ダストカバー

ダストカバーの持ち手

3 ダストカバーに写真のような持ち手があればソレを引けば簡単。取り付け時は、TOPと書いてある所が頭頂部になるように組み込む。

▼ P54 へ続く

修理代の目安 バルブの交換は3000円以上。カウル付きのバイクは、さらに高額になることもある。

chapter **1** ●**よくあるトラブル・アクシデント解決マニュアル**

4 写真にある「バルブの固定用スプリング」を押し込んで横に少し動かすと、固定用フックからバネが外れる。

バルブの固定用スプリング

バルブ

5 指先で手順 4 の固定用スプリングを起こす。これでバルブを取り出す準備は完了。すべて指先の作業なので簡単だ。

ヘッドライトに使われるハロゲンバルブのガラス部分に触ると、指の脂で光量低下や破裂を誘発する。

引き抜いたバルブは新品と交換

6 バルブのコネクターが刺さっていた部分を引き抜けば簡単にバルブは出てくる。切れたバルブと同じ規格の新品バルブに交換して完了！

54　**ワンポイント**　ヘッドライトバルブの規格は H4 や H3C などと表記され、すべて共通ではない。愛車と同じ規格品を準備する必要がある。

ストップランプがつかない

ストップランプは、常時点灯するテールライトとバルブ（球）を併用している。点灯しないと後続車に自分の挙動を伝えられずにとても危険だ。原因はスイッチ不良も考えられるが、最多発するのはバルブ切れだ。

●走行時の注意点／他車に自車の動きが伝わらず危険。状況に応じて手信号を使って走行し、夜間は走行しない。

ココをCHECK!

1 フロントブレーキでは点灯するが、リアブレーキでは点灯しない ➡ **スイッチ類の故障**

2 テールランプも、ブレーキランプも点灯しない ➡ **バルブ切れなら交換 ヒューズの断線なら交換**

前後のブレーキランプスイッチの点検

前輪用スイッチはブレーキレバーの付け根付近、後輪用はブレーキペダルのリターンスプリングの取り付け部にあるが、作業のほとんどは部品交換だ。珍しいトラブルなのでショップに依頼してもいいだろう。※修理代の目安は5000円以上（車種により大差あり）。

バルブの交換

| 作業の難度 | LEVEL 低 | 作業時間目安 | 約5分 | 準備するもの | ドライバー、交換用のバルブ |

比較的頻度の高いストップ＆テールランプのバルブ交換作業は簡単にできる。モデルにしたCBR250Rは特に簡単だったが、他車種でも基本的にはプラスドライバー1本で可能（除くスクーター）。

1 モデルバイクのCBR250Rは最初にキーを使ってタンデムシートを外すが、テールランプが独立しているバイクは、プラスドライバーでバルブケース（カバー）を外しておく。
▼ P56 へ続く

chapter **1** ●よくあるトラブル・アクシデント解決マニュアル

2 テールカウルの奥をのぞくと、配線が集まったカプラー(接続器)が見える。コレを指先で左にひねる。

3 次にカプラーごと手前に引けばバルブも出てくる。ストップランプが独立しているバイクは手順 **2**〜**3** は省略。

4 バルブを少し押し込みながら左に回すと取り出せる。同じワット数のW球と呼ぶ新品バルブと交換。逆手順で戻して完了だ。

ストップランプバルブには取り付け方向がある。バルブ下側左右の突起に段差があることに注目！ 受け側のソケット(カプラー兼用)にも段差があるので、位置を合わせて押し込むように取り付ける。

▶▶▶ こんな時はどうする？ ◀◀◀
スピードメーターが動かない

古いバイクならメーターケーブルの断線と、取り付け部のカムの磨耗を最初に疑うが、メーターケーブルが存在しない近年のバイクは、素直にショップに依頼しよう。スピードメーターの自己修理や交換は、走行距離不明車扱いになり再販価格が暴落するので要注意！

56　スピードメーター修理代の目安　2万円以上(車種により大差あり)

ストップランプがつかない

▶▶▶ あわてない、困らない！ ◀◀◀
テール＆ストップランプが点灯しない時の対応策

　テール＆ストップランプと進路方向を示すウインカーが点灯しない故障は、周囲を走る他車に自己の存在と行動を伝えることができない非常に危険な状態だ。イザという時のために手信号についてオサライしよう。もちろん手信号での夜間走行は極力避けたい。

手信号を覚えておこう

　周囲のドライバーすべてが手信号を理解するかどうかは未知だが、「何かアクションを起こすかも？」という予測はつけてくれるハズなので知っておこう。

停止
左手を斜め下（約４５度）に出して、手のひらを後続車に見せれば止まる合図。

右折
左手を水平に出して肘を真上に上げ、手のひらをヘルメット側に向ければ右折の合図。

左折
左手を水平（体に対して約９０度）に出し、手のひらを地面に向ければ左折の合図。

100円ショップの自転車用ランプで応急処置

　夜間走行時にテール＆ストップランプが切れた場合は、100円ショップで購入できる自転車用の電池式テールライトが緊急用に活躍する。

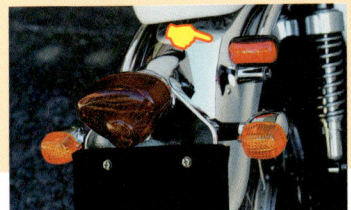

モデルバイクには偶然、ピッタリ取り付けられた。後続車から見える場所（背負ったザックなどでも可）に取り付けて自己の存在を示そう。スイッチの切り替えで点滅可能なものもある。

chapter **1** ● よくあるトラブル・アクシデント解決マニュアル

ウインカーが点滅しない

ウインカーの点灯不良の原因は、ウインカーリレーの故障やスイッチの接触不良などもあるが、ウインカーがひとつだけ点灯せず、同方向のウインカーが点灯はしても点滅しない場合はバルブ切れが原因だ。

●走行時の注意点／他車に自車の動きが伝わらず危険。状況に応じて手信号を使って走行し、夜間は走行しない。

ココをCHECK!

1 ひとつだけ切れて、同方向の片方が点灯するが点滅しない ▶ 球（バルブ）切れ。バルブの交換

2 前後4つのウインカーが同時に点灯も点滅もしない ▶ ウインカーリレーの交換

バルブの交換

作業の難度	作業時間目安	準備するもの
LEVEL 低	5分以上	ドライバー、交換用のバルブ

交換用の新品バルブは、大手カー用品店やバイクショップなどで購入できる。バイクショップならわずかな工賃（500円程度〜）で交換もしてくれるので、初めての作業なら1度ショップに依頼して、手順を見学するのも悪くない選択だ。

1 モデルバイクにはレンズカバー側と裏側の両方向に取り付けネジがあった。愛車のウインカーを観察してレンズ取り付けネジを外す。

2 ネジを取ったら、ウインカーレンズカバーを取り外す

これは防水パッキン。水抜き用の切れ目があるので、取り付け時は注意

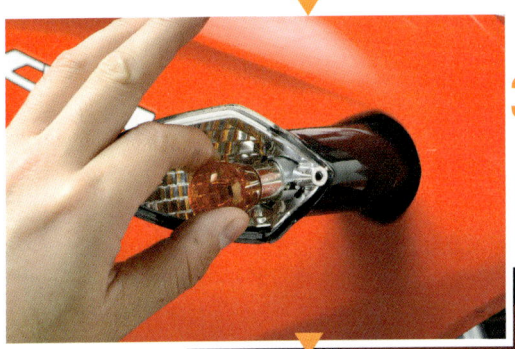

ウインカーレンズカバー

3 バルブは押し込みながら左に回すと取り出せる。

4 同じワット数、色の新品バルブに交換する。新品バルブは押し込みながら右に回して取り付け、レンズカバーを取り付ける前に必ず点灯確認をする。

ウインカーリレーの交換はバイクショップに相談

　ウインカーリレーは、方向指示器の点滅と点滅速度をコントロールする部品。交換作業は簡単だが、取り付け場所探しに難儀することがある。そんな時は、わずかな工賃なのでショップに依頼したほうが賢明。

アドバイス 自分で交換したくても、リレーがどこにあるかをショップに尋ねるのはルール違反。ショップはその知識と経験で成り立っているのだ。
リレー交換の工賃は、部品代＋2000円～が目安。

ベテランライダーの「身になる」泣き笑い体験 ― その❶
失敗から学ぶ

コケてわかった沖縄
濡れた路面の恐怖！

　沖縄の道路舗装には砕いたサンゴが使われていて滑りやすいことは知っていた。沖縄ローカルライダーの多くが、レース用のレインタイヤを常用していることも知っていたが、経験上タイヤに加重をかけて走行すればソレホド恐ろしいこともナイと思っていたある日のことだ。

　雨降るヤンバル（沖縄北部）を走行中、前を走るバイクが跳ね上げる泥水が嫌で走行ラインを意図的に変え、普段はあまり使わないと思われる路面を使ってカーブにさしかかった。速度は約50km。乾いた路面ならまったく問題のない緩いカーブだったが、この日は路面が濡れていた。アレッ？　と思う間もなく前輪が流れだし、体制を立て直そうと後輪ブレーキを入れるもスィ〜っと前輪は流れたまま、さらに事態は悪化して後輪も流れ出した。今度はあわてて前輪ブレーキを軽くあててみたが、これもダメ！　砂利道よりも摩擦係数が低いことがわかったと同時に側溝へガッシャ〜ン！

　購入したばかりのゴアテックスのカッパを破り、ザックに入れていたカメラレンズを1本曲げてしまったが、幸いにも使っていたオフロードバイクに大きなダメージはなかった。運よく対向車もなかったので大事にはならなかったが、安易に走行ラインを変えてはイケナイということを身をもって実感した次第である。うかつに走行ラインを変えるとパンクを誘発することにもつながるので、諸兄は真似をしないようにしてほしい。ピース！

Chapter 2

異音、違和感、変な症状でわかる！
よくある
マシントラブル
解決マニュアル

マシンの変調は音、操作感、
異常な症状から感じ取れる。
起きやすい不具合の原因とメンテナンス術を紹介。

chapter 2 ●マシントラブル解決マニュアル

ヘンな音がする

ゴーッゴーッ
(エンジンブレーキを強く感じる)

ゴーッゴーッ

走行中に今まで聞こえなかったゴーッゴーッなどの異音やゴロゴロとした抵抗感があれば、ハブベアリングのトラブルを疑おう。直進走行では聞こえず、左右どちらかにバイクを傾けた時（カーブ通過時）に大きく聞こえることもある。

●走行時の注意点／速度を抑えて走行。早めに修理したい。

よくある原因と対策

ハブベアリングの不具合 ➡ ハブベアリングの
（ブレーキの引きずり）　　交換

ハブベアリングの交換はショップに相談

　ハブベアリングのトラブルが頻発することは少ない。交換作業はベアリングを冷凍したり、高価なプレス機を使うなど、アマチュア・メカニックには少しハードルが高い。工具を揃えるよりショップに依頼する方が経済的だ。異変を感じたらすぐにショップに相談を。

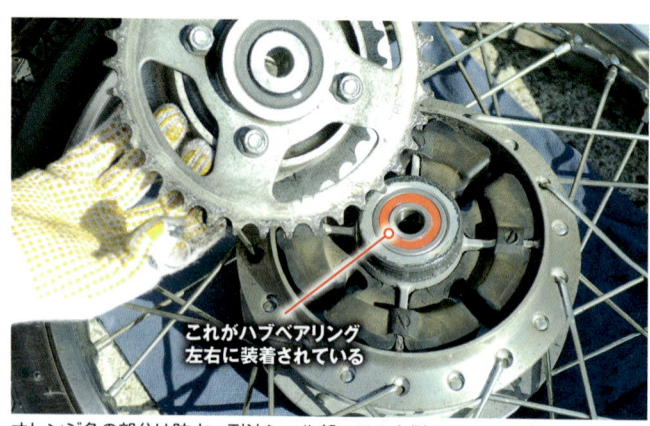

これがハブベアリング
左右に装着されている

オレンジ色の部分は防水・耐油シール部。この内側にベアリングがあり、反対側（写真下側）にも装備されている。アクスルシャフトを抜いた時やホイルを車体から外した時には、指先でベアリングのガタや作動状態を確認しよう。

修理代の目安　ハブベアリングの交換は1万円以上（ホイルを車体から外して持ち込んだ場合）。

ヘンな音がする

シャーシャーシャー
(エンジンブレーキを強く感じる) ※ディスクブレーキ

キャリパー付近からの異音や、バイクを自力で押して普段より重く感じたらブレーキの引きずりは始まっている。エンジンブレーキを強く感じるようなら症状は悪化している。

● 走行時の注意点／状態がひどい場合はブレーキロックしたままになり危険。できるだけ走行は控えたい。

よくある原因と対策

ブレーキの引きずり → ブレーキキャリパーのオーバーホールまたは交換

シャーシャー

ブレーキキャリパーのオーバーホール、交換はショップに相談

法的解釈では、ブレーキキャリパーのオーバーホール（以後OH）は整備資格者だけに認められている。自己修理は厳禁だ。下の写真のような構造を知っていれば十分だ。

ブレーキキャリパーの構造と動き

ブレーキレバーを握る
↓
ブレーキホースがオイルを送る
↓
その油圧でピストンが押し出される
↓
2枚のパッドがディスクをはさみブレーキがかかる

ブレーキキャリパーを5年～10年（保管条件による差）に1度OHすることで、引きずりは激減する。また、一部の外国製品では、通常OHしないで交換することも知っておこう。

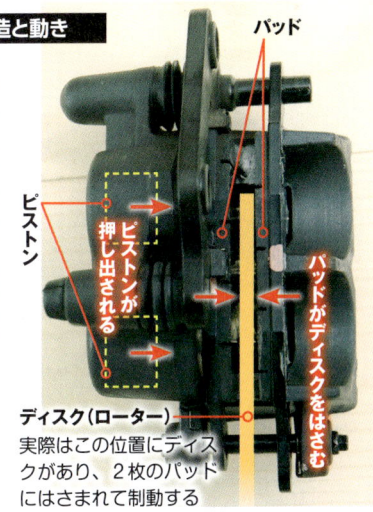

パッド
ピストン
ピストンが押し出される
パッドがディスクをはさむ

ディスク（ローター）
実際はこの位置にディスクがあり、2枚のパッドにはさまれて制動する

アドバイス 引きずりが進行すると、ブレーキをかけた途端にロック状態になることもある。不意のブレーキロックは確実に事故につながるので早期解決を！
修理代の目安は1万5000円～（車種により大差あり）。

chapter **2** ●マシントラブル解決マニュアル

ヘンな音がする ブレーキをかけると ガッガッガー ※ディスクブレーキ

こんなブレーキ音が発生したら、ブレーキパッドが摩耗してパッドのベース面（金属部）が直接ブレーキディスクを擦っている。当然、ブレーキも効きにくくなっているから、旅先で発生したら速度を控え、早くショップに駆け込もう。

よくある原因と対策

ブレーキパッドの摩耗 → ブレーキパッドの交換

●走行時の注意点
走行は控えたい。ブレーキ性能が著しく低下しているので、速度を上げるのは危険。

ディスクブレーキのパッド交換

ここでは初期の異音でパッドの摩耗に気づき、ブレーキディスクに損傷（キズ）がない状態で、パッド交換のみで解決することを前提に交換方法の一例を解説する。異音を無視して乗り続けることは危険で、高額出費でも泣くことになる！

作業の難度 **LEVEL 高**
作業時間目安 **1時間程度**
準備するもの レンチ類、ブレーキフルードキャッチャー、サンドペーパーなど

オフロードバイクには、キャリパーを外さなくてもパット交換ができる車種もある。確認してから作業しよう

ブレーキキャリパー　フロントフォークボトムケース

パッドの取り外し

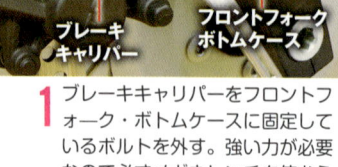

1 ブレーキキャリパーをフロントフォーク・ボトムケースに固定しているボルトを外す。強い力が必要なので必ずメガネレンチを使おう。作業中はブレーキレバーやペダルにさわらないことが肝心。

取り付けネジが固着して緩まない場合は、無理をせずCRC5-56などの潤滑剤を噴いて10分ほど待つか、ハンマーなどで振動を与えて緩めるのも効果的

ワンポイント 定期点検を怠らず、普段からブレーキパッドの摩耗状態を把握していれば、上記のような悲惨な状態になることはない。パッド交換の修理代の目安は、部品代プラス5000円以上だ。

ヘンな音がする

2 ブレーキディスクがはさまる（🔴部分）すき間は、この段階（摩耗したパッドが付いた状態）でドライバーなどを使って広げておこう。

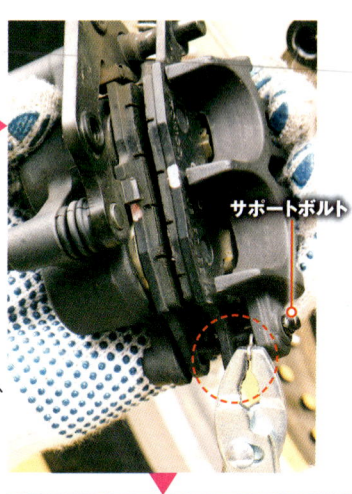

過去にブレーキフルードを補充している場合は、この作業でブレーキフルードがリザーブタンクから噴き出すことがある。キャリパーにあるブリュードスクリューを緩め、受け皿を置いてから作業しよう

サポートボルト

3 次は古いパッドを取り出す準備。まずパッドを支えているサポートボルトにある、割りピンを引き抜く。写真のパッドは新品に近い状態なので誤解しないように！

4 割りピンを抜いたサポートボルトを引き抜く。手で抜けることもあるが、固い時はプライヤーなどで引き抜く。これでパッドを外す準備ができた。

①起こしてから
②抜く

5 モデルバイクは写真のように動かしてパッドを取り外したが、すべてのバイク、ブレーキキャリパーが同じではない。

慣れるまでは簡単な絵を描いて、その上に外した部品を置くと取り付けでミスが減る

▼P66 へ続く

65

chapter **2** マシントラブル解決マニュアル

6 次はもう1枚のパッドを写真右側にスライドさせて取り出す。

7 これでパッド交換の準備はできたが、ついでにキャリパーの内側を清掃しよう。

8 新品パッド取り付け直後はブレーキの効きが悪く、鳴きに悩まされることも。しかし、ひと手間かければ初期のなじみが早くなる。

新品パッドにひと手間

パッドの裏側（ベース金属面）に、薄くウレアグリスを塗る。必ず薄く塗布すること！ 厚塗りは厳禁だ。

新品パッドの角と表面に、粗めのサンドペーパー（100番～400番）をかけてザッと削る。これでなじみが早まり、効きと鳴き（キィーッという音）の問題が起きにくくなる

アドバイス ブレーキから異音が出るまでパッドが摩耗すると、ブレーキディスクの交換も必要になる場合があり、大きな出費になるので注意。

ヘンな音がする

パッドを取り外した状態

モデルバイクのように、押し出すピストンが片側に2個ある場合は2ポットキャリパーと呼び、ピストンが両側にあるキャリパーを対向ピストンキャリパーという

パッドの組み付け

9 撮影の都合上、ブレーキホースから取り外しているが、作業はホースをつけたままで可能。同時にブレーキフルードを交換する場合は、ブレーキフルードを塗装面やパッドに付着させないように作業しよう。

10 取り外しと逆手順で新品パッドを取り付ける。奥側、手前側の順でパッドを入れよう。

11 パッドがキャリパーに収まった状態。支軸ピンにもグリスを薄く塗ると動きがよくなる。

支軸ピン

12 サポートボルトを差し込む。サポートボルトにも薄くグリスを塗布すると動きがよくなる。

13 最後にサポートボルトに割りピンを差し込めば、パッド組み込み作業は完了。元のように取り付けよう。

サポートボルト

ワンポイント パッド交換をしたら、ブレーキフルードも同時に交換したい。交換をしなくても、ブレーキラインのエア抜きはしたほうがよいことを覚えておこう。

chapter 2 ●マシントラブル解決マニュアル

ヘンな音がする

後輪付近からシャー

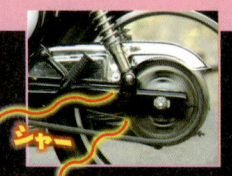

シャー

走行中にこんな音が聞こえたら、原因の多くはチェーンの油切れ。特にノンシールチェーンで激しい雨の中を走行した後は、油切れを起こす可能性がかなり高い。異音が聞こえたらすぐに注油を。シールチェーンは定期的な点検と注油で油切れがかなり防止できる。

よくある原因と対策

チェーンの油切れ ▶ チェーンへの注油

●走行時の注意点
チェーンの摩耗が進むので、早めに注油しよう。

チェーンへの注油

| 作業の難度 | LEVEL 低 | 作業時間目安 | 10分〜 | 準備するもの | チェーンオイルなど |

チェーンには内部オイルを密閉するシールチェーンと、密閉されないノンシールチェーンの2種類がある。適合オイルも2種類あるので、愛車に適合したオイルを選択して注油しよう。小型バイクには、抵抗が少ないノンシールチェーンを採用している傾向がある。

内 / 外

チェーンオイルは、チェーンの内側から噴きつけることで、遠心力によって浸透しやすくなる

1 注油前にチェーンの汚れを丁寧にウエスで拭こう。注油の詳しいやり方は右ページを参照。

センタースタンドなどで後輪を浮かせておく

2 チェーン全周に注油したら、必ず手でタイヤを回転させてオイルをなじませた後、余分なオイルは拭き取っておこう。

ターゲット 1 ローラー

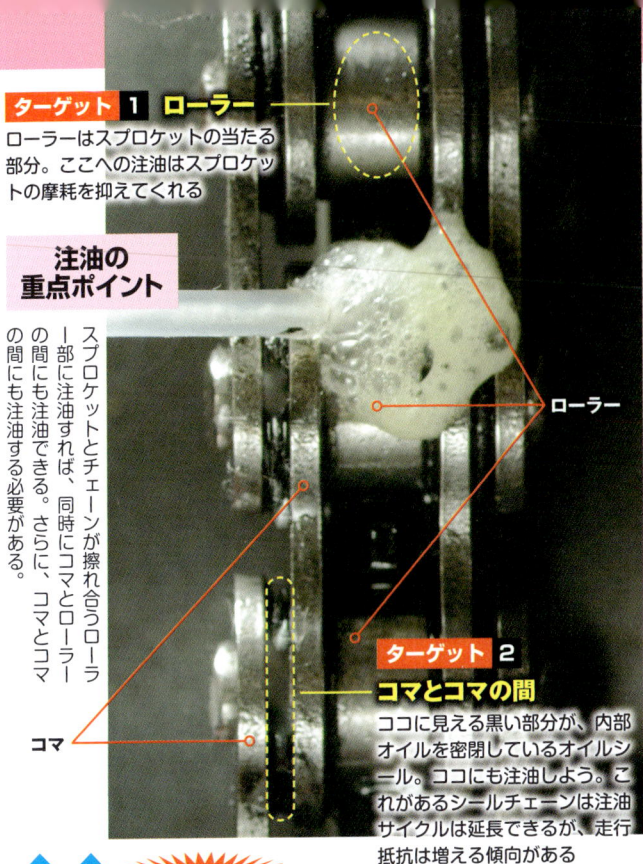

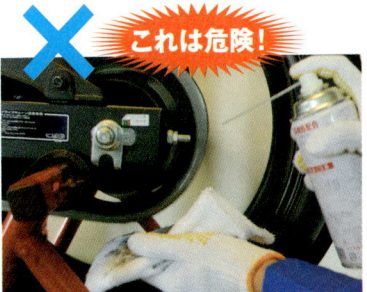

ローラーはスプロケットの当たる部分。ここへの注油はスプロケットの摩耗を抑えてくれる

注油の重点ポイント

スプロケットとチェーンが擦れ合うローラー部に注油すれば、同時にコマとローラーの間にも注油できる。さらに、コマとコマの間にも注油する必要がある。

ローラー

ターゲット 2
コマとコマの間

ココに見える黒い部分が、内部オイルを密閉しているオイルシール。ココにも注油しよう。これがあるシールチェーンは注油サイクルは延長できるが、走行抵抗は増える傾向がある

コマ

これは危険！

エンジンをかけ、ギアを入れての注油や拭き取りは厳禁！ ウエスや指の巻き込み事故に直結するので絶対に禁止！

あくまでも応急処置だが、100円ショップで売っている万能油はチェーンにも使える。オイルを枯らして走行するよりはマシだが耐久性はない。

chapter 2 ●マシントラブル解決マニュアル

ヘンな音がする 後輪付近から ガシャガシャ

ガシャガシャ

アクセルの開閉に伴ってガックン、ガシャガシャ。シフトチェンジのたびにガシャガシャ。こうした異音の原因となる不適切なチェーンの調整状態では、快適な走行もできず、最悪はチェーンが外れることも。異常を感じたらすみやかに調整しよう。

よくある原因と対策

チェーンの遊び過多、チェーンラインの狂い ▶ チェーンの遊びを調整

● 走行時の注意点
状態がひどいとチェーンが外れることもあり危険。早めに対処する。

チェーンの遊び調整

| 作業の難度 | LEVEL 中 | 作業時間目安 | 15分～ | 準備するもの | レンチ類 |

チェーンの調整は、センタースタンドか別売りのメンテナンス・スタンドを使うと安全。慣れていればサイドスタンドでも可能だが、バイクを真っすぐに立てた状態で作業するのが基本。

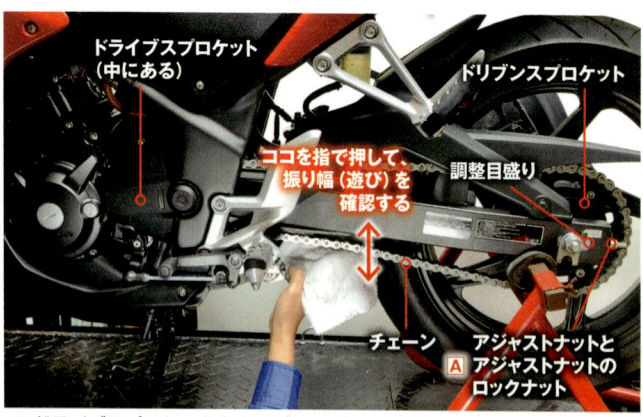

- ドライブスプロケット（中にある）
- ドリブンスプロケット
- ココを指で押して、振り幅（遊び）を確認する
- 調整目盛り
- チェーン
- A アジャストナットとアジャストナットのロックナット

1 ドライブスプロケットとドリブンスプロケットの中間あたりのチェーンを指で押し、どれくらいの振り幅（遊び）があるかを確認する。オンロードバイクで2～3cm、オフロードバイクで3～4cmが標準（取扱説明書優先）。これよりも遊びが大きい時は、以下の手順で調整する。

アドバイス　チェーン調整が適正でも、シフトチェンジのたびにガツンとショックを感じる場合は、後輪ハブの内側（スプロケット側）にあるハブダンパーの摩耗をチェック！

ヘンな音がする

2 CBR250Rをモデルに解説するので、全車種が同じ調整方法ではない。しかし、アクスルシャフトを緩めて調整するのは基本的に同じ。まずはアクスルシャフトを緩めよう。緩めるだけで、完全に外す必要はない。

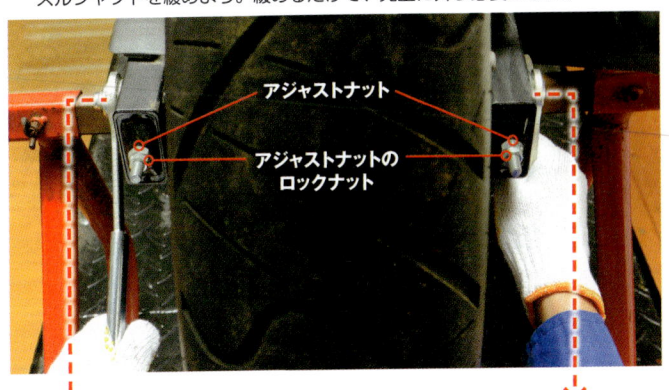

- アジャストナット
- アジャストナットのロックナット

アクスルシャフトのナット側
- こちら側を回して緩める
- ナット用のレンチと延長工具を組み合わせる

ロックナット側を回して緩めるのが基本。ロックナットに割りピンがあれば最初に取り外す。

アクスルシャフトのボルトヘッド側
- アクスルシャフト用の車載工具レンチ

右側のアクスルシャフト頭部は、共回りしないようにおさえるだけ。

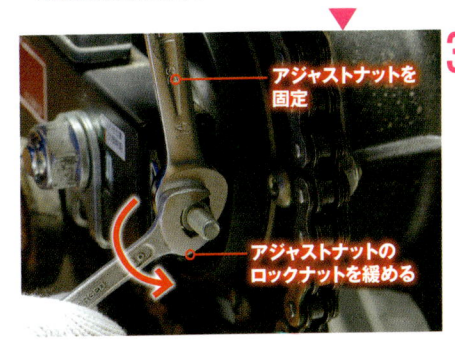

- アジャストナットを固定
- アジャストナットのロックナットを緩める

3 張り具合の調整はオープンスパナを2本使う。最初に左右両側にあるアジャストナットのロックナット（手順1のA）を両方緩めよう。締める時も必ず2本のオープンスパナを使い、アジャストナットを動かさないことが特に重要だ。

71

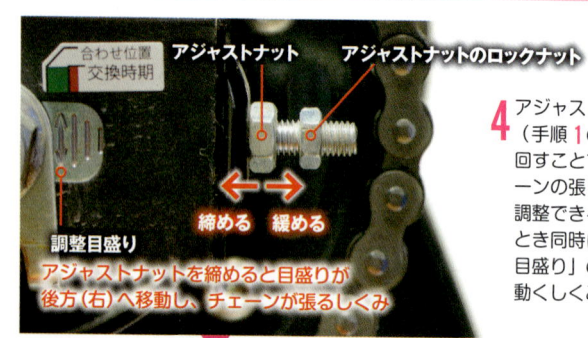

chapter 2 ●マシントラブル解決マニュアル

合わせ位置 交換時期
アジャストナット
アジャストナットのロックナット
← →
締める 緩める
調整目盛り
アジャストナットを締めると目盛りが後方(右)へ移動し、チェーンが張るしくみ

4 アジャストナット（手順 1 の A）を回すことで、チェーンの張り具合が調整できる。このとき同時に「調整目盛り」の刻印も動くしくみだ。

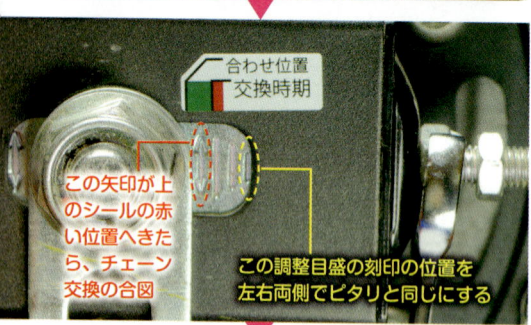

合わせ位置 交換時期
この矢印が上のシールの赤い位置へきたら、チェーン交換の合図
この調整目盛の刻印の位置を左右両側でピタリと同じにする

5 調整はスパナでアジャストナットを回し、「調整目盛り」最後部の刻印位置を車体の左右両側ともにピタリと合わせることが肝心。調整が済んだら 3 と同じようにして、ロックナットを締める。

チェーンが曲がって張られていると
〇 ×

6 2 と同じようにして、緩めた手順とは逆に、アクスルシャフトを確実に閉めたら、チェーンラインが真っすぐになっているか確認。最終的にはタイヤを回して、軽くスムーズに回ることも確認しよう。

チェーンラインが曲がっていると、チェーンやスプロケットの摩耗が加速することを覚えておこう。

72

ヘンな音がする／いつもと違う排気音がする

純正マフラーなら腐食して穴でもあかない限り、排気漏れの心配はほとんどなくなった。しかし、社外マフラーに交換した場合は比較的頻発するので、不意な漏れに備えて対策方法を知っておこう。

●走行時の注意点／エンジンパワー（トルク）が低下し、騒音が増すことを自覚しておこう。

よくある原因と対策

| マフラーのつなぎ目からの排気漏れ、社外マフラーへの交換 | ➡ | エキゾーストパイプやフランジのネジの緩みをチェック。穴があればマフラー交換など |

マフラー（エンジン）とエキゾーストパイプのつなぎ目をチェック

作業の難度 **LEVEL 低** ／ 作業時間目安 **5分〜** ／ 準備するもの **メガネレンチ**

　排気ガス浄化装置が装着されたバイクは、エキゾーストパイプ（排気管）とマフラー（消音器）の一体化が進んでいるが、排気漏れが起こるとエンジン出力が低下し、騒音も増大するので注意してチェックしたい。点検は耳で聞く以外に、手のひらで排気圧を感じることも有効だ。

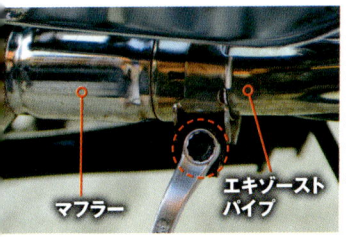

エキゾーストパイプとマフラーのつなぎ目から漏れている場合は、つなぎ目にある固定用金具のネジの緩みをチェック。緩みがあれば軽く締める。強く締めてネジが折れないように注意！　ネジを締めても漏れる場合は、漏れ止めのパッキンなどを入れる必要があるのでショップに相談しよう。

マフラー／エキゾーストパイプ

エンジンとエキゾーストパイプの取り付け部がフランジ。ここのネジは構造上、締めればドンドン締まり、最後は折れてしまう。折れたらエンジン終了も同然なので締めすぎは厳禁！　あくまで緩みの確認程度にとどめよう。

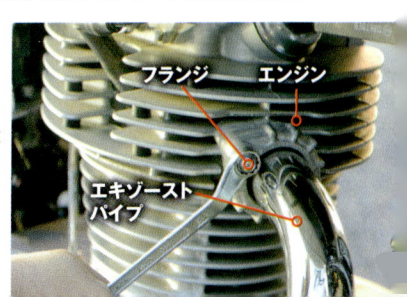

フランジ／エンジン／エキゾーストパイプ

▶▶▶ まだまだアル! ◀◀◀
こんな音がしたらスグにショップへ相談!

走行距離に伴い、エンジン内部が自然に摩耗することは否めない。正しい扱い方でキチンとメンテナンスをしても、エンジンから異音が出ることを知っておこう。

エンジンから「カチカチ」「グワーン」「ギャーッ」

アイドリング状態で「カチカチ」、回転上昇に伴い「グワーン」と音が大きくなるようなら、バルブクリアランス(タペット)の狂い。エンジン回転の上下で「ギャーッ」という音がしたら、カムチェーンの伸びが原因のほとんどだ。これらはショップへ相談するのが無難。

よくある原因と対策

バルブクリアランスの狂い ➡ バルブクリアランス調整
カムチェーンの伸び ➡ カムチェーン&テンショナーの交換

●走行時の注意点／高回転を避けてスムーズに走行する。

カチカチ

ギャーッ

バルブクリアランスの調整も、カムチェーン&テンショナーの交換も、必要な知識と工具があれば自己修理も可能だが、初心者はすみやかにショップに相談することをススメル。

修理代の目安 バルブクリアランスの調整は8000円以上(車種により大差あり)。
カムチェーン&テンショナー交換は部品代+1万円以上(車種により大差あり)。

比較的低回転時にアクセルを開くと「カリカリキンキン」

ごく低回転からの急加速時に「カリカリキンキン」と音がする場合は、乗り方の間違いがほとんど。愛車のエンジン特性を知って走り方を適切にすれば解決する。しかし、突然起こるこうしたノッキングは、エンジン燃焼室に溜まったカーボンが圧縮比を高めていることに起因することが多い。低回転ばかりを使って走行するとカーボンは溜まりやすい。

よくある原因と対策

ノッキング ➡ **ケミカル製品をガソリンに混ぜる、ハイオクガソリンを使う**

●走行時の注意点／できるだけノッキングを起こさない回転数（中速域）を使って走行する。

ノッキングはシリンダーやピストンにキズをつけ、エンジンの寿命を縮めることもあるので放置は厳禁

初期の対策としてはハイオクガソリンや燃料添加剤を使うが、これで解決しない場合は点火系統の故障もあり得るのでショップに相談しよう。

アイドリング時にクラッチ付近から「ゴロゴロ」

アイドリング時に聞こえるゴロゴロが、クラッチレバーを握ると消える場合はクラッチのスラストベアリングが原因だ。通常走行には支障はないので、クラッチ交換と同時に修理すればよい。修理代の目安は、クラッチ交換の工賃（1万5000円〜、車種で大差あり）とスラストベアリングの部品代（数百円）になる。

よくある原因と対策

スラストベアリングの不具合 ➡ **スラストベアリングの交換など**

●走行時の注意点／スラストベアリングが原因の異音なら通常走行に問題はない。しかし、クラッチが滑っている場合は帰宅することをススメル。

音が聞こえにくい場合は、貫通ドライバーの先端をクラッチ付近に当て、握り部を自分の耳に押し当てるとハッキリ聞き取ることが可能。

ゴロゴロ

この「ゴロゴロ」は、乾式クラッチバイクのアイドリング時に聞こえる「カラカラ」とは違う音なので注意！

chapter 2 ●マシントラブル解決マニュアル

いつもと操作感覚が違う

ハンドルがふらつく
（直進時にハンドルが曲がる）

事故や激しい転倒でフレームやフロントフォークに屈曲がないバイクなら、ほとんどの原因は下記に示した3項目のいずれかだ。どれも自分で簡単に修正できるので異常を感じたら修正しよう。

●走行時の注意点／速度を抑えて、低速で走行する。

よくある原因と対策

1	フロントフォークのよれ	タイヤを蹴るなどして修正
2	タイヤの空気圧減少	空気圧の調整
3	荷物や過積載による不安定	乗車ポジションの変更や荷物の積み直しなど

フロントフォークのよれ

修正法1

軽い転倒や前輪への衝撃だけで、フォークはねじれることがある。ハンドルを斜めにしないと直進しない、と感じたら疑ってみよう。

修正法2

アッパーブラケットのネジ
ロワーブラケットのネジ

両足でタイヤをはさんで固定し、ハンドルを両手で調整する。

ねじれと逆方向にタイヤを蹴ったり、電信柱などにタイヤの側面を当てて元の位置に戻す。

フォークを取り付けているアッパーとロワーブラケットのネジが緩むと、さらにねじれやすくなる。日常点検で確認しよう。

いつもと操作感覚が違う

タイヤの空気圧チェックとエア入れ

適正空気圧を保っていても不意な悪路走行のために減圧したままだったり、バルブコア（ムシ）からの空気漏れなど、日頃のチェックを怠るとフラつきを招く。

作業の難度 LEVEL **低**

作業時間目安 **5分**

準備するもの **エアポンプ、バイク用エアチャック、バルブ回し、中性洗剤など**

月に一度はチェックして適正空気圧を保とう！

エアーゲージ

1 タイヤの空気は自然に抜ける。異常を感じたら指先の反発具合で空気圧を確認するが、正確にはエアーゲージで点検。

2 パンク以外で空気が目立って抜ける原因は、バルブコア（ムシ）の不良がある。まずはバルブコア回しで締めてみよう。

3 ガソリンスタンドなどで適正値まで空気を補充する。

締めたバルブに中性洗剤を塗り、気泡ができたら漏れている証拠

バルブコアを閉めても空気が漏れていたら、バルブコア（60円程度）の交換。

自動車用の空気入れで空気を充填できない場合は、バルブに取り付ける「曲がったエクステンション」を使えば簡単（バイク用品店で購入可）。

過積載と積み方

重い荷物はシートバッグやサイドバッグを使ってライダーの近くに積載し、バッグ内も重量物は下側前方に置くことが大切。重量物がライダーから離れるほど、バランスが悪化してフラつく原因になる。

車体後部のキャリヤに重い荷物を積んだり、ハンドル前に重い荷物を置くと、バイクのバランスが崩れてフラつきの原因になる。積み直しで改善する。

ワンポイント 悪路走行時には適正空気圧から20%程度減圧すると快適になるが、舗装路に戻ったら空気圧を適正値に戻すこと！

chapter **2** ●マシントラブル解決マニュアル

いつもと操作感覚が違う

ハンドルが引っかかる、重い、ガタつく

ハンドルが重い 引っかかる

ハンドルのガタつき

ステアリングステム内のベアリング破損や摩滅が発生すると、ハンドルがガタついたり、引っかかったりする。異常を感じたらスグにショップに相談しよう！

●走行時の注意点／ハンドルが効かなくなる可能性もあり、とても危険。すみやかに修理を依頼しよう。特に荒れた路面の走行は症状を悪化させることもあるので避ける。

よくある原因と対策

ステムベアリングの摩耗、破損 ➡ ステムベアリング関係の交換

ステムベアリング関係の交換はショップに依頼

修理はステム上下に装備されているベアリング交換と、ベアリングを受ける上下の台座を交換する。前輪を外してフォークを取り外す必要があるので、アマチュアメカニックにはハードルが高い仕事だ。

これがステアリングステム

ベアリング

ロワーブリッジ

トップブリッジ

横から見ると

右の写真の赤い線で囲まれた部分に、上の写真のようなステアリングステムが組み込まれている。ベアリング破損やグリス不足でトラブルになる。

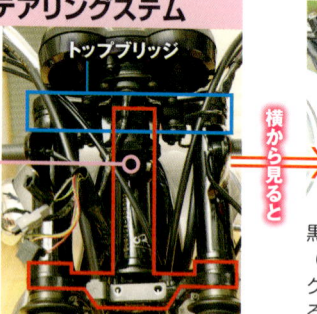

ヘッドライトを外してステアリングステムを見やすくした写真。赤線内のフレーム前部の筒に、ベアリングが付いたステアリングステムが（下側から）入る仕組み。下側のロワーブリッジと青い線で示したトップブリッジに連結させてハンドルは安定する。

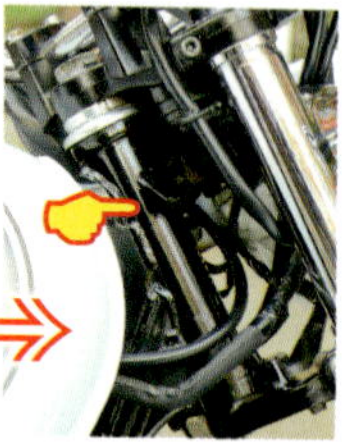

黒光りしている部分（筒）にステアリングステムが入っている。

修理代の目安　ステムベアリング関係の交換は、2万円〜（車種により大差あり）。

いつもと操作感覚が違う

ステアリングの調整 (参考)

わずかにステアリングにガタがある程度なら、トップスレッドナットの増し締めで解決することもある。これで問題が解消すれば、ベアリンググリスが枯れてきたのが主な原因。

ロックナット
トップスレッドナット
ステアリングステムナット

トップスレッドナットの調整

最初にステアリングステムナットを緩め、次にロックナットを緩める。次にトップスレッドナットに緩みがあれば締める。ただし、締め過ぎは禁物！ 試運転は停車状態でハンドルの重さを確認してからだ。

トップスレッドナットを回すフックレンチ。サスペンションのプリロード調整（P103参照）にも使える。トップスレッドナットは無理をすればドライバーとハンマーでも回るが、傷がつくのですすめない。

アドバイス 大きなガタや、ハンドルを左右に切った時にゴリゴリとした感触や引っかかる場合は、ベアリング破損が原因。突然ハンドルが効かなくなることもあるので即ショップに相談！

chapter **2** ●マシントラブル解決マニュアル

<small>いつもと操作感覚が違う</small>

アクセルが重い

原因は大きく分けてふたつあるが、重いアクセル＝戻りにくいアクセルなのでとても怖いトラブルだ。放置せず確実に点検整備し、軽く動くアクセルをキープすることが大切だ。

●走行時の注意点／アクセルが戻らなくなると事故につながる。早期に帰宅して修理を。

よくある原因と対策

1	アクセルワイヤーの油脂切れ、劣化	▶ アクセルワイヤーへの注油、交換
2	転倒によるアクセルユニットのずれ	▶ アクセルユニットを正しい位置に戻す

ワイヤー＆グリップ部への注油と位置を戻す

ワイヤーへの注油と、転倒で内側に押されたアクセルグリップを元の位置に戻す方法を同時進行で解説する。なお、アクセルワイヤーの交換はガソリンタンクを外す必要がある。

作業の難度 **LEVEL 中**

作業時間目安 **30分〜**

準備するもの **ドライバー、スパナ、シリコンスプレー、グリスなど**

1 右側スイッチボックスの下側にある、2本のネジを取り外す。ネジをなめないよう、強く押し上げながらドライバーを回す。

アドバイス ガソリンタンクを外す自信がない場合はショップに依頼しよう。修理代の目安は、ワイヤー交換で部品代プラス8000円〜（車種により大差あり）。

いつもと操作感覚が違う

2 ネジが取れるとスイッチボックスが上下に分割して外れる。この段階でアクセルが軽く動く位置まで、グリップを外側（矢印方向）へわずかに移動させておく。

▼

ワイヤーへは **4** でシリコンスプレーを噴く

グリスを噴く

3 ハンドルバーとグリップのすき間には、スプレーグリスを噴く。アクセルを動かしながら全体にグリスをなじませよう。

▼

4 ワイヤー（開き側と閉じ側の2本）へは、取り付け部にシリコンスプレーのノズルを入れて、アクセルを開閉させながらたっぷり噴く。この後、スイッチボックスを元に戻せば完了。

chapter **2** ◉マシントラブル解決マニュアル

いつもと操作感覚が違う
アクセルを開いても思うようにエンジンが反応しない

アクセルワイヤーの遊びが大きすぎて、アクセルグリップの開度とエンジン回転の上昇がイメージとかけ離れている場合は、ワイヤーの遊びを調整することで解決できる。

●走行時の注意点／エンジンが意のままに反応しないので、過激な走行は厳禁。

よくある原因と対策
アクセルの遊び過多 ▶ アクセルワイヤーの遊び調整

アクセルワイヤーの遊び調整

通常アクセルワイヤーは開ける用、閉める用の2本が装備されている。ワイヤーの遊びは乗り手の好みに調整すればよいが、遊びを極端に少なくすると、ハンドルを切っただけでエンジン回転が上昇することもあるので適度な遊びは不可欠だ。

作業の難度 **LEVEL 低**
作業時間目安 **10分～**
準備するもの **スパナ、シリコンスプレーなど**

1 調整は開け閉め両側のロックナットを緩めて、その隣の長い調整ネジを回して行う。

まずは開け側を調整する。

次に閉め側を調整しよう。

調整ネジ
ロックナット

2 好みに調整したらロックナットを締めて完了。ここだけでは理想の遊びに調整できない場合は、F-I（キャブ）側でも調整する。

82 アドバイス F-I（キャブ）側にあるアジャスター（調整ネジ）もロックナットを緩めてから調整するしくみは同じ。

いつもと操作感覚が違う

アイドリングが安定しない エンジン回転が低い・高い

ここではエンジンに異常がないことを前提に解説する。旧車の単気筒エンジンはキャブレターにアジャストスクリューが直接付いている。

よくある原因と対策

| 1 | 気圧の変化（キャブレター車） | ➡ | アイドリングの調整 |
| 2 | コンピュータの不具合（F-I車） | ➡ | ショップに相談する |

●走行時の注意点
不意にエンジンが停止したり、エンジンブレーキが効かない感覚になるので注意したい。

アイドリングの調整

作業の難度 LEVEL 低　作業時間目安 5分〜　準備するもの ドライバーなど

F-I車なのにアイドルスクリュー（アイドリング調整ネジ）が装備されているバイクをモデルに解説するが、F-I車にはアイドルスクリューがないのが普通。F-I車のアイドリング異常はショップに相談だ。

アイドルスクリューはこのあたり

愛車の指定アイドリング回転数を調べたら（取扱説明書参照）、完全にエンジンを暖気する。その時、回転数が指定数と違っていたら調整しよう。いたずらに高回転にするとエンジンブレーキが効かず、下げすぎは油圧低下や充電不足などの原因になるので慎みたい。

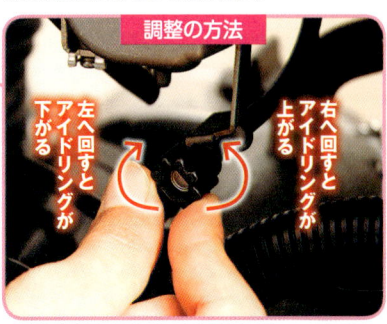

調整の方法

右へ回すとアイドリングが上がる

左へ回すとアイドリングが下がる

キャブレター仕様の多気筒車にもアイドルスクリューがある。高原で走行中にアイドリングが低下したら、コレを右に回して回転数を上げ、下界に下りたら戻す。

chapter 2 ●マシントラブル解決マニュアル

いつもと操作感覚が違う

エンジンの回転がスムーズに上がらない

エンジンは空気とガソリンの混合気が爆発するパワーで働いている。エンジン不調は空気の取り入れ口(エアクリーナー)と、混合気に点火するプラグのチェックから開始だ。

●走行時の注意点／走行不能になる可能性は低いが、なるべく早く帰宅して修理を。

よくある原因と対策

| 1 | プラグの電極の汚れ、摩耗 | ▶ プラグのクリーニング、ギャップ調整 |
| 2 | エアクリーナーの詰まり | ▶ エアクリーナーのクリーニング(P29〜参照) |

※このほか、キャブレターの摩耗劣化や社外品のキャブレターへの交換(キャブ車)、コンピュータの異常(F-I車)なども原因となる。

電極の摩耗チェックとクリーニング

エンジンのF-I化に伴いプラグ電極は汚れにくくなったが、高回転を常用するエンジンは、電極の摩耗チェックは欠かせない。

作業の難度 LEVEL 低

作業時間目安 30分〜

準備するもの プラグレンチ、ワイヤーブラシなど

プラグをエンジンから取り出したら電極をチェック。電極に黒くカーボンやオイルが付着していたら、柔らかいワイヤーブラシで清掃しよう。

清掃後はプラグのネジ溝にモリブデングリスを薄く塗っておくと、次回の取り外しが簡単になるのでオススメ。

ワンポイント プラグに示されたプラグ熱値(価)とは、プラグの冷めやすさ、冷めにくさを表す数字。熱値が高いとプラグが冷めやすく、高回転を多く使うエンジン向き。熱値が低いとプラグが冷めにくく、低回転〜中回転重視のエンジン向き。

いつもと操作感覚が違う

プラグのギャップ調整

作業の難度 **LEVEL 低**　作業時間目安 **30分〜**　準備するもの **サンドペーパー、シックネスゲージ**

プラグの火花は電極の角から飛び出すので、電極が摩耗して丸くなると火花は飛びにくい。清掃したプラグの電極が丸く減っていたら、角を立たせよう。摩耗が激しい場合は指定の新品プラグに交換したい。

プラグの電極

外側電極
中心電極
ギャップ（すき間）

1 掃除が済んだら、中心と外側の両電極の間にサンドペーパーを入れ、角を立てるように磨く。サンドペーパーを2つ折りにすると効率がよい。

火花は外側電極と中心電極の角から飛び出す。ギャップが狭いと火花は飛びやすいが弱く、広いと火花は強いが飛びにくくなる。

2 磨いた電極間のすき間は当然広がっているから、ハンマーなどでコツコツ叩いて、適正値に調節しておこう。すき間の適正値は、各車の取扱説明書に記載されているので参照すること。

シックネスゲージ

3 取扱説明書に従い、適正値にギャップ（すき間）調節ができたか確認する。シックネスゲージかプラグゲージを使って正確にやろう。

これがシックネスゲージ
各種すき間を測る工具。ごく薄い板が何枚もセットになっている。

chapter **2** ●マシントラブル解決マニュアル

いつもと操作感覚が違う

エンジンの回転は上がるが速度が上昇しない

エンジン回転の上昇と速度上昇が、普段のイメージと違ってきたらクラッチの滑りを疑おう。特に急加速した時に感じる場合は、完全にクラッチが滑っている。

●走行時の注意点／エンジンは回転していても、突然走行不能になる可能性も。すみやかに帰宅して修理を。

よくある原因と対策

| クラッチの摩耗（滑り）、遊び不足 | ➡ | クラッチレバーの遊び調整。クラッチ交換はショップへ |

クラッチレバーの遊び調整

クラッチが滑り始めたら、基本的にはクラッチ交換をススメル。まずはショップに相談だ。滑りをごく初期の段階で感じた場合は、クラッチレバーの遊び調整で修復の可能性がある。※修理代は2万円〜(車種で大差あり)。

- 作業の難度 **LEVEL 低**
- 作業時間目安 **10分〜**
- 準備するもの **プライヤー、ドライバーなど**

ロックネジ

アジャストネジ

1 遊び調整が可能なワイヤー式クラッチは、ロックネジを緩めて（切れ目にドライバーを入れると簡単に緩む）、アジャストネジを締める方向に回すとレバーの遊びが増す。

2 写真を参考にクラッチレバーの遊びを確保しよう。遊び0では確実にクラッチは滑りだす。調整後はロックネジを確実に締めること。

遊びが多い場合は、緩める方向に回して調整する

アジャスターを緩める／遊びを少なくする

レバーを引いて遊びを確認しながら行う

このすき間が遊びだ。1〜2mmが標準

アジャスターを締める／遊びを多くする

いつもと操作感覚が違う

ニュートラルが出にくい

エンジン起動中にクラッチが完全に切れていないと、ニュートラルをはじめ、シフト全般が渋くなる。遊びを適正に調整しよう。

●走行時の注意点
シフトミスに注意したい。

よくある原因と対策

クラッチの遊び過多 ▶ クラッチレバーの遊び調整

クラッチレバーの遊び調整

調整方法は基本的に前ページと同じ。レバーの遊びを少なくする方向に調整する。

ニュートラルを出しやすくするには、緩める方向に回して調整する

クラッチが切れていない場合は、レバーの遊びを少なくする方向に調整するが、遊びは絶対に必要！レバーの付け根で1～2mmの遊びを確保する。

クラッチが好みではない

クラッチ・ミートポイントと呼ばれる、エンジンパワーとクラッチがつながる時のレバー位置を調整する。

よくある原因と対策

クラッチの摩耗、クラッチワイヤーの伸び ▶ クラッチレバーの遊び調整

●走行時の注意点
発進時のエンストに注意したい。

クラッチレバーの遊び調整

クラッチ・ミートポイント調整も、基本的には前ページと同じ。作業時間や必要な工具も同じだ。

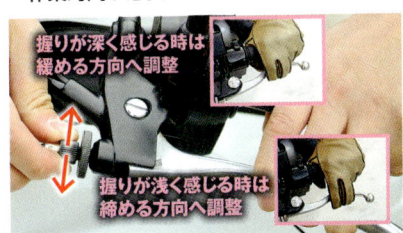

握りが深く感じる時は緩める方向へ調整

握りが浅く感じる時は締める方向へ調整

突然クラッチの遊びが増えたら、ワイヤーが切れかかっている証拠。すみやかにワイヤー交換をショップに依頼しよう。クラッチ・ミートポイントは、手の大小で個人差はあるが、基準の遊び値の範囲内で調整することが大切だ。

chapter **2** マシントラブル解決マニュアル

シフトミスが多発する

いつもと操作感覚が違う

走行リズムを狂わせる不快なシフトミス。混雑する交差点付近では恥ずかしい気持ちにもなる。シフトミスはペダル位置調整の不備で多発するから、自分に最適なペダル位置に調整する必要がある。

●走行時の注意点／ライディングブーツが変わると操作感が変わるので確実にシフト操作をする。

よくある原因と対策

シフトペダルのポジションが合っていない ▶ シフトペダルの調整

シフト(チェンジ)ペダルの調整

ペダル位置は、ライディングポジションとシューズの相関関係で決めるのが基本。極端に言えば、シューズやハンドル位置を変えたらペダル位置も変更する必要がある。

作業の難度 **LEVEL 低**
作業時間目安 **15分〜**
準備するもの **スパナ(2本)**

シフトリンク
シフトロッド

シフトペダルの調整部位はココ

1 調整するのは2つのリンクを結ぶシフトロッド。シフトロッドの前側のロックナットを緩める。車種により片方が逆ネジの場合もある。

ワンポイント シフトリンクが存在せず、カム(ギヤシャフト)に直付けされている車種は、カムの位置を変えるだけなのでペダル位置は微調整できない。

いつもと操作感覚が違う

カム　シフトペダル

2 次にシフトロッドの後ろ側のロックナットを緩める。オープンスパナで作業しにくい場合は、シフトペダルを上下に動かすと作業しやすい位置が見つかる。

3 指先でシフトロッドを回して、ペダルが好みの位置にくるように調節する。何度も試運転を繰り返し、慎重に位置を決めよう。

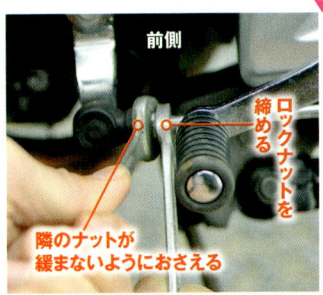

シフトロッド

前側　　後ろ側

ロックナットを締める　　ロックナットを締める　隣のナットが緩まないようにおさえる

隣のナットが緩まないようにおさえる

4 ペダル位置が決まったらロックナットを締めるが、オープンスパナを2本使ってシフトロッドを動かさないように締めること。

ワンポイント 左のページのワンポイントや、写真2で紹介したカムとは、ミッションケースから突き出しているチェンジ用のバー(棒=ギヤシャフト)のこと。

chapter **2** ●マシントラブル解決マニュアル

深く踏まないとブレーキが効かない
（好みの位置で作動しない）

いつもと操作感覚が違う

ディスクブレーキのバイクで、急に踏みこみが深くなった場合は、ブレーキフルードにエアが混入している疑いがある。エア混入の場合は、ブレーキラインのエア抜きが必要だ。

●走行時の注意点／ブレーキのタイミングが遅れることがあるので注意。

ディスクブレーキのペダル調整

ディスクブレーキのペダル調整方法を解説するが、踏みしろを詰めすぎてブレーキが効いたままになる「引きずり」には注意したい。ドラムブレーキの調整方法はP92で紹介する。

作業の難度 **LEVEL 低**
作業時間目安 **15分～**
準備するもの **スパナ**

ベダル位置の目安

何もしていない状態

ドラムブレーキのバイクで「ペダル位置の調整目安」をわかりやすく紹介する。まずは踏み込んでいない状態。

適正な位置にある状態

足先だけの踏み込みで充分な制動力が得られる、適切なペダル位置。この時、ストップランプ（ブレーキランプ）が確実に点灯することも大切。

深い位置になった状態

足首まで使って踏み込まないと、必要な制動力が得られない状態。これではブレーキのタイミングが遅れて危険。

※写真はドラムブレーキ車です

いつもと操作感覚が違う

よくある原因と対策

1 ブレーキペダルの遊び過多（ディスクブレーキ） → ブレーキペダルの調整

2 ブレーキラインへのエア混入（ディスクブレーキ） → ブレーキフルードのエア抜き（フルード交換も推奨）

3 ブレーキシューの摩耗（ドラムブレーキ） → ブレーキロッドの調整

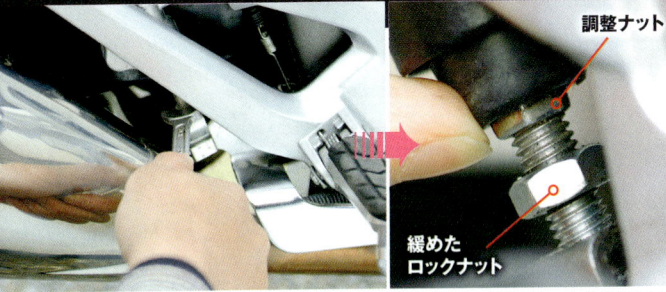

調整ナット
緩めたロックナット

1 ペダルの踏み込み加減の好みは、ライダーの体型で異なる。自分が使いやすい位置に調整して安全・快適に走ろう。先にロックナットを緩めてから、調整ナットで調節する。通常はスパナ1丁で間に合うので、車載工具でも可能だ。

ペダル操作する右手の反応に合わせてナットを回して調整する

ブレーキペダルを押して、適正な踏み込みの深さをさぐる

2 ストップランプスイッチが連動しているので、点灯タイミングやブレーキが効いたままの状態になる引きずりには注意しながら調整しよう。

ワンポイント ブレーキラインのエア抜きが自分でできない場合は、ショップに依頼してブレーキフルード交換も同時にやっておこう。修理代の目安は、エア抜き（交換含む）で後輪のみの場合4000円〜。

chapter 2 ●マシントラブル解決マニュアル

ドラムブレーキのペダル位置（踏みしろ）調整

主流はディスクブレーキだが、クラシカルなバイクには採用されているドラムブレーキ。ペダルの踏み込み量が増える＝ブレーキシューの摩滅ということを忘れてはイケナイ。

作業の難度	LEVEL 中
作業時間目安	15分～
準備するもの	なし

アジャストスクリュー
ブレーキロッド

1 足首の動きだけでブレーキが作動しなくなったら、ブレーキロッドについているアジャストスクリューを締めてブレーキの効くポイントを調整する。

カム取り付けロッドを矢印方向へ押しながらアジャストスクリューを調整すれば工具は不要

同時に行いながら調整する

ブレーキペダルを右手で押し下げ、遊びを確認しながら調整する

きつめに調整した1の状態から、遊びを確認しながら緩めていく

調整範囲
この針が黄色の調整範囲を超えたらライニングの交換時期

2 右手で遊びを確認しながらアジャストスクリューを締めていき、最後にタイヤを空転させてブレーキが干渉（接触）していないか確認して完了。

3 ブレーキライニング（シュー）の摩耗も確認しよう。写真は、ブレーキペダルを踏み込んだ状態で調整範囲を超えたら、ブレーキライニングが使用限界を超えていることを示すインジケーター。

▶▶▶ ディスクブレーキの握り（踏み込み）具合でわかること ◀◀◀

急にスポーンとブレーキの手（足）応えがなくなったら、フルードが沸騰するペーパーロック現象。すみやかに停止して冷やそう。スポンジを握る感覚ならエア噛みだ。どちらもフルード交換をススメル。

ワンポイント ドラムブレーキは、ブレーキペダルに足を乗せたまま走行するクセがつきやすいので注意しよう。また、ブレーキライニングは、ディスクブレーキのブレーキパッドと同じ役割をもつパーツ。

変速時に後輪付近から ガツンとショックがある

いつもと操作感覚が違う

エンジン回転数と速度のバランスをうまくとればショック軽減も可能だが、チェーン調整が万全で、走行距離が2万kmを超えているバイクなら、後輪ハブダンパーの劣化を疑おう。

●走行時の注意点／駆動部に過度なショックを与えないように、スムーズな走行を心がけよう。

よくある原因と対策

チェーンの遊び、ダンパーの劣化や摩耗 → チェーンの遊び調整（P70～参照）後輪ハブダンパーを交換

後輪ハブダンパーの交換

作業の難度 LEVEL 中　作業時間目安 1時間～　準備するもの 各種レンチ類

シフトショック軽減のための半クラッチ多用は、クラッチの異常摩耗につながる。変速時に過剰な半クラッチは禁物だと心得よう。ハブダンパーは、チェーンやスプロケットと同時交換が基本だ。

1 後輪を外しスプロケットを引き抜くと、ゴム製のハブダンパーが見える。摩耗した感じがなくても2万km以上使ったら交換しておきたい。

スプロケット

2 写真左側は約9000km使ったハブダンパー。まだ交換には早いが劣化は感じられる。右側は新品。

3 交換は古いダンパーを取り出し新品を収めるだけ。ハブダンパー交換のためだけに後輪を外すのは効率が悪い。スプロケットやチェーン交換と同時にハブダンパーを交換しよう。

chapter 2 ●マシントラブル解決マニュアル

いつもと操作感覚が違う

タイヤが滑るような感覚がある

雨や雪で路面状況が悪いワケではないのに、バイクがフラフラと滑るような感覚があれば、タイヤの空気圧と重量バランスが最初のチェックポイントになる。

よくある原因と対策

1 空気圧の不足やタイヤの劣化（硬化） → 空気圧の調整、タイヤ交換など

2 乗車ポジションの不具合 → 加重位置を変えてみる

●走行時の注意点
早期に空気圧を調整し、車体バランスを取り直して走行したい。

空気圧の調整

作業の難度 **LEVEL 低** ｜ 作業時間目安 **5分～** ｜ 準備するもの **エアーポンプとエアーゲージ**

　タイヤの空気は何事もなくても必ず少しずつ抜ける。1ヶ月に1度は点検して補充するのが基本だ。また、10年以上経過したタイヤは、溝はあっても性能劣化が著しいので交換することが望ましい。

空気圧のチェックはエアーゲージを使って正確に行おう。空気の補充はガソリンスタンドなどを利用させてもらうとよい。

タイヤ関係の情報はココをチェック

```
       1    2    3
      タイヤ空気圧
  前輪 200kPa (2.00kgf/cm²) 後輪 225kPa (2.25kgf/cm²)
4 (1名乗車時 前輪 200kPa (2.00kgf/cm²) 後輪 200kPa (2.00kgf/cm²))
5 タイヤサイズ：前輪 110/70-17M/C 54S 後輪 140/70-17M/C 66S
  指定タイヤ    前輪       後輪
6  IRC    RX-01FD  RX-01RZ    この車はチューブレスタ
                              イヤを装着しています。
  トレッド中央部の溝の深さが前輪 1.5mm、 バンク修理、タイヤ交換
  後輪 2.0mmになりましたら交換して下さい。 等についてはホンダ販売
                              店に御相談下さい。
                                          KYJ-940
```

1 前輪の空気圧の表記。kPaはキロパスカルと読む。
2 kgf/cm²は空気圧の古い表記法。
3 後輪の空気圧の表記。
4 1名乗車時と2名乗車時で指定空気圧が違う場合に記載される。
5 メーカー指定のタイヤサイズの表記。
6 指定のタイヤメーカー名と前後輪の商品名、そのほかの注意の記載。

スイングアームに貼ってある、このような指定空気圧に従って調整する。

いつもと操作感覚が違う

▶▶▶ 加重（乗車）位置を変える ◀◀◀

重い荷物を積載した場合に、フラつきやタイヤのグリップ感欠如を感じたら、乗車位置を変更してみよう。写真のようなシートバッグより、リアキャリアに過積載をするとバランスは崩れやすい。

一般的な乗車位置

ライダーの体に近い位置に固定できるシートバッグを使っていれば、極端な重量物を積載しないかぎり、普通のライディングポジションでフラつきやグリップ感の欠如は起こりにくい。

⬇ 乗車位置を前へずらして加重位置を変えてみる

前寄りの乗車位置

フラつきやバイクバランスの悪さを感じる場合は、写真のように少し前に腰の位置を移動させて走ってみよう。これでバランスが改善されるようなら、荷物を前方に移動させる必要がある。

chapter **2** ●マシントラブル解決マニュアル

おかしな症状がある

ガソリンくさい

バイクはトランスポーター（箱バン）などの閉め切った空間に置かない限り、ガソリン臭を感じない。万一、ガソリン臭がしたら最初に漏れを疑おう。点検は火気厳禁!! くわえタバコで愛車を燃やした人が実在する。

よくある原因と対策

フューエルラインの劣化（ひび割れ）、取り付けの不備による漏れ → フューエルラインの点検。燃料漏れがあれば止める

●走行時の注意点
すぐに走行をやめて原因をさがす。

フューエルラインの点検

材質の向上でホース劣化によるガソリンの漏れは減少したが、フューエルホース取り付け部付近からは漏れる場合がある。

作業の難易度 **LEVEL 低**

作業時間目安 **10分〜**

準備するもの ラジオペンチ、プライヤー、マイナスドライバーなど

フューエルコック
ホースバンド
フューエルホース

このあたりをとくにチェック!

コックがあればOFFにしてから点検開始。ガソリンタンクをいじった後は慎重にチェック！

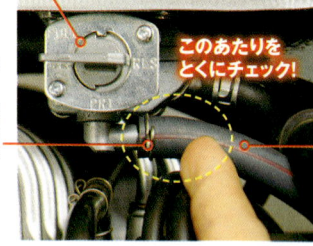

1 ガソリンタンク（コック）とホースの取り付け部付近をチェック。取り付け部にニジみがないか？ホースバンドの状態も確認しよう。

2 ホースを折った状態でヒビが見つかれば、ホースが劣化している証拠。危険なのですみやかに新品ホースに交換する。

ワンポイント 漏れがなくてもガソリン臭がある場合は、早くショップに相談しよう！ちなみに2のホースは問題のない状態。これなら交換の必要はない。

おかしな症状がある しばらく走るとエンジンが不調になる

快調に走行していても、突然エンジンが息をつくようにブスブスと止まる状態。原因はほかにも考えられるが、まずはガソリンタンクの通気穴からチェックしてみよう。

よくある原因と対策

燃料タンクの通気穴（ブリーザー）の詰まり → 燃料タンクの通気穴の点検、クリーニング

燃料タンクの通気穴の点検

モデルバイクは見やすい場所にあったが、すべてのバイクが通気穴の見える構造ではない。通気穴の詰まりは、長期間、樹木の下などに駐車すると発症しやすい。

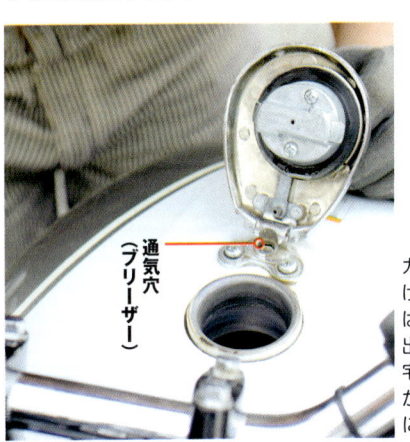

作業の難度 **LEVEL 低**
作業時間目安 **10分〜**
準備するもの **清掃に必要な道具（車種で異なる）**

通気穴（ブリーザー）

ガソリンタンクキャップを開け、エンジンが始動する場合は通気穴の詰まりが原因だ。出先なら開閉を繰り返して帰宅し、通気穴を清掃する。穴が見えないバイクはショップに相談だ。

▶▶▶給油でキャップを開けたらポン！ と音がした◀◀◀

ガソリン補給時などにタンクキャップを開けた時、シュッ！ という音やポンッ！ という音がしたら空気穴が詰まり始めている証拠。エンジンが突然止まる前にチェックして清掃しておこう。これだけで不要なトラブルを回避できる。

chapter **2** ●マシントラブル解決マニュアル

おかしな症状がある オーバーヒートになりやすい

エンジンが過熱してレスポンスが悪化したり、パワーダウンしたらオーバーヒートを疑う。また、エンジンオイルに鉱物油を使っている場合は、オーバーヒートを起こしたら必ずオイル交換を実施しよう。

よくある原因と対策

水冷

1 ラジエター冷却液の不足 ▶ 冷却液の点検と補充

2 電動ファンの故障 ▶ 電動ファンの作動確認と修理
※エンジンを停止して、冷却後は速度を保ち、水温計に留意して帰宅

水冷エンジンの場合 ラジエター冷却液の点検

冷却（クーラント）液不足は、日常点検でほとんど防止できる。また、ラジエター本体は冷却空気の通り道を確保することが大切。ラジエターコア（冷却用液の通り道）の面積の20%が目詰まりしたら、オーバーヒート気味になる。

作業の難度 **低**
作業時間目安 **5分〜**
準備するもの **なし**

1 エンジン冷間時に冷却（クーラント）液がアッパーライン付近にあるか確認。液が極端に減る場合はエンジントラブルの可能性があるのでショップに相談。

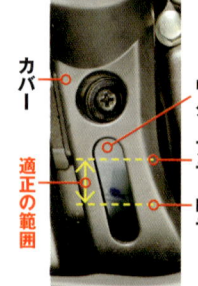

カバー
適正の範囲
リザーバータンク
アッパーライン
ロワーライン

2 補充は必ず愛車に合う色（赤や緑などがある）と指定濃度に希釈した冷却液（製品により稀釈濃度が異なる）を、エンジン冷間時にリザーバータンクへ入れる。補充時にリザーバータンクキャップの密閉度チェックして、密閉不良なら部品交換が必要だ。

カバーを外した状態

リザーバータンクキャップ

ラジエターへの直接補充は原則禁止

アドバイス メーカーは2年に1度程度での冷却液交換を推奨するが、キチンと管理補充していれば、5年程度は交換しなくても大丈夫。その際はショップに任せよう。

おかしな症状がある

電動ファンの点検

ラジエター

ラジエターの裏側にある電動ファン。クーラント（冷却液）が不足していないのにオーバーヒートを起こす場合は、作動状態をチェックしよう。

電動ファンは渋滞時など、ラジエターが走行冷却風を受けられないときに作動するが、温感スイッチの不良などで作動しないとオーバーヒートを招く。作動不良なら早めにショップに相談しよう。

作業の難度 **LEVEL 低**
作業時間目安 **3分**
準備するもの **なし**

よくある原因と対策

空冷

1	渋滞、のぼり坂での空気冷却不足	▶	エンジンを停止して温度を下げる
2	冷却フィンの詰まり	▶	冷却フィンのクリーニング（オイルクーラーも）
3	点火タイミングの狂い	▶	点火タイミングの点検はショップに相談

空冷エンジンの場合　エンジンの温度を下げる

エンジンが過熱したら温度を下げるのは当然だが、エンジン停止が温度を下げるために最善策かというと、必ずしも最善とは言えないコトもある。

連続登坂運転などでエンジン過熱を起こした場合は、エンジンを停止して冷却、またはエンジンをかけたまま坂を下る。渋滞で過熱気味なら、進路を変更して走行冷却させるのが最善だ。

アドバイス 鉱物油（ミネラルオイル）は、一度過熱すると性能が劣化して回復しない。化学合成油（ケミカルオイル）なら、温度が下がれば所期の性能に復活する。

chapter 2 マシントラブル解決マニュアル

冷却フィンのクリーニング

舗装道路を走るだけなら、冷却フィンの詰まりが原因のオーバーヒートは起こさないが、未舗装の悪路を走った後なら泥詰まりによるオーバーヒートは起こり得る。泥んこバイクが好きな人は注意が必要だ。

作業の難度 **LEVEL 低**
作業時間目安 **10分～**
準備するもの **ナイロンブラシ、高圧洗浄機など**

これが冷却フィン

黄色で囲った部分が冷却フィン。このフィンの下にあるクランクケースにも、泥が付着している場合は同時に清掃する。

泥道走行後は、エンジン冷却後に高圧水で洗おう。日常的には柔らかいブラシで冷却フィンについた泥やホコリを取り除くだけでよい。

オイルクーラーの場合 冷却フィンのクリーニング

オイルクーラーは高性能バイクや大型空冷エンジンに装着される、オイルを冷やすための冷却装置。ラジエター内の冷却液が、オイルに替わったと考えると理解しやすい。ここに泥や虫の死骸などが詰まった場合は掃除をしよう。

作業の難度 **LEVEL 低**
作業時間目安 **5分～**
準備するもの **ワイヤーブラシ**

これがオイルクーラー

通常はシリンダーヘッドの前、フロントフォークとの間に装備されている。オイルクーラーはオイル温度を下げるのが目的なので、寒冷期はオイルの冷えすぎに注意。

水洗いのほかに、柔らかなブラシを上下に動かして汚れを落とそう。使用済みの歯ブラシを再利用してもよい。

アドバイス エンジン停止と同時にオイルの循環も停止する。オイルが循環をやめると、エンジン内部は局所的に異常高温にさらされる危険があるので走行冷却が望ましいのだ。

おかしな症状がある

タイヤの空気が異常に減る

タイヤの空気圧が激しく減る場合は、パンクかバルブコア（ムシ）の漏れが怪しい。タイヤとホイルリムの間や、リムのバルブ本体からの漏れは専門店に修理を依頼しよう。

よくある原因と対策

| 1 | バルブコア（ムシ）やバルブの劣化 | ➡ | ムシ、バルブの点検、交換 |
| 2 | タイヤのパンク | ➡ | パンクの修理（P38～参照） |

●走行時の注意点
タイヤに空気を補充して、走行は速度を控えて慎重に！

バルブコア（ムシ）、バルブの点検

| 作業の難度 | LEVEL 低 | 作業時間目安 | 10分以上 | 準備するもの | ムシ（バルブ）回し、交換用のムシ |

パンクしていないのに空気が抜ける？　新車から数年経過しているバイクなら、ホイルリムについているバルブを疑う必要がある。ムシは自分で交換できるが、バルブ本体の交換は専門店に任せよう。

バルブコア（ムシ）とは

バルブキャップ型のムシ回し

ムシは安価な部品なので、数年に一度は交換すると安心感が高まる

バルブコア（ムシ）

ムシ回しを使ってムシをバルブにねじ込み、空気が抜けないようにしている。先端の突起を押さえると空気が出入りするしくみ。

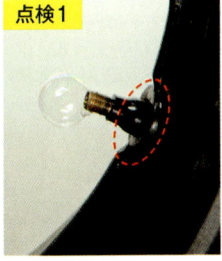

点検1

バルブの先に薄めた中性洗剤を塗る。写真のようにふくらんだら漏れている証拠。バルブ本体を曲げた時に、赤く囲ったあたりから空気が漏れていたら、バルブ本体の交換が必要。

点検2

ムシ回しを使って、ムシを閉める。ムシが緩いと空気が漏れるので、これだけで漏れが止まらない場合は交換。

修理代の目安
タイヤとリムの間からの空気漏れ➡車体からタイヤを外した状態で1本2000円～。
バルブ不良によるバルブ交換➡車体からタイヤを外した状態で1本1500円～。

chapter 2 ●マシントラブル解決マニュアル

段差でサスペンションがストッパーに当たる
（サスの底つき）

おかしな症状がある

前後サスペンション（サス）の設定加重よりも大きな負荷がかかると、サスは底つきを起こす。調整可能なら自分の走り方に合わせてセッティングしよう。

● 走行時の注意点
速度を控えて走る。

よくある原因と対策

1 サスペンションの劣化（ダンパーのオイル抜け、漏れ） ▶ ダンパーオイルのオーバーホールや交換

2 過積載 ▶ プリロード調整（リア）でサスペンションの硬さを変える

ダンパーのオイル漏れをチェック

前後どちらのサスペンションでも、オイルが付着しているようならダンパーオイルが漏れている。オイルが漏れて減少すると、走行が不安定になる。オイルの付着を発見したらショップに相談しよう。

左の写真は、フロントフォークに付着したダンパーオイル。少しずつでも減ると、サスがフワフワして危険。オーバーホールしよう。

赤く囲まれた部分は、リアダンパーのピストンロッドと呼ばれる部分。ここにオイルの汚れやシミがあったら、オイル漏れの可能性大。

修理代の目安
フロントフォークのオーバーホールは、車体からフロントフォークが外れた状態で1万5000円以上。
後輪サスの場合は交換が原則。部品代（2万〜10万円程度）＋8000円以上。

おかしな症状がある

プリロード調整

| 作業の難度 | LEVEL 低 | 作業時間目安 | 5分〜 | 準備するもの | フックレンチ |

プリロードとは、後輪用サスペンション（ダンパー）が車両から外れた状態（無加重）でのバネの縮め量のこと。車体にダンパーを取り付けたままでも、バネを縮めれば反発力が増しバネは硬くなる。

プリロード調整の方法

走行速度の上昇や荷物、ライダーの重さに適応するようにプリロードを調整することで、ダンパーは底つきを起こさず快適な走行ができる。

サスペンション

拡大

サスペンションが硬くなる

サスペンションが柔らかくなる

ここをフックレンチで回すことで、←→の部分を左右に移動させて、硬さを調整するしくみ

右へ移動させるとサスペンションが縮み、硬くなる

左へ移動させるとサスペンションが伸び、柔らかくなる

別角度

硬くする

柔らかくする

調整は底づきをしない範囲で、なるべく柔らかくしておく方が、軽快にバイクの向きを変えることができて乗りやすい。2本サス（ダンパー）車は、左右を同調させるのが基本。

アドバイス サスをむやみに硬く設定すると、バイクコントロールが難しくなる。柔らかい設定のほうがバイクは軽く曲がってくれる。

103

失敗から学ぶ ベテランライダーの「身になる」泣き笑い体験――その❷

燃料計を安易に信じてはイケマセン！

　日本一周をした時の相棒は「オイルを補充して」と言えばラジエターのリザーバータンクにオイルを入れようとするほどバイク歴の浅い若者だった。

　ガソリン補給は宿泊地到着前にするのがいつもの習慣だが、その日はガソリン残量が中途半端だったこともあり前日補給をしないまま朝を迎えた。

　「ガソリンは大丈夫？」と聞けば「燃料計は半分位なので大丈夫でっす！」と元気よく答えたので出発したが、３０分も走らないうちに彼の姿はミラーから消えていた。

　あわてて引き返すとスグに路肩に止まったバイクを発見！

　理由を聞けば突然エンジンが止まったという。ガソリンキャップを開けてタンク内を見てもガソリンが見えない。バイクを左右に揺するとわずかにチャプチャプと音がする。ガス欠！　燃料コックをリザーブに切り替えようとしたが、コックは既にリザーブになっている。数日前の走行中にリザーブにして、給油後もコック位置を戻し忘れてそのまま走っていたらしい。万事休すである……。

　私が走ってガソリンを買い求め、給油して走りだすまでに約２時間が必要だった。今朝ガソリンタンクキャップを開けて、燃料確認をしていれば問題なかったハズ。数日前の給油後に燃料コックをＯＮの位置に戻していればスグに解決した些細なトラブルで終わったハズだ。精度が向上した最新型メーターの故障は減ったかもしれないが、目視確認を怠ることはトラブルに繋がるという経験だった。

　諸兄はクレグレも目視確認を怠り無く。ピース！

Chapter 3

快適に走る、トラブルを防ぐ！

ライダーのための基礎知識&役立ちノウハウ

車検や税金、保険の加入など、ライダーなら知っておくべきことのほか、日常点検の方法、出先で役立つノウハウも紹介。

chapter 3 ● ライダーのための基礎知識&役立ちノウハウ

車検・税金・保険・事故対応 知っておきたい! バイクまわりの知識

愛車を維持するために必要な、税金や自賠責保険と任意保険などについて再確認しておこう!
特に任意保険の上手な使い方を知ることは、不意の事故やバイクトラブルに見舞われた場合にも役立つハズだ。

税金と車検のこと

250cc超のバイクは 2年に1回車検を受ける義務がある!

　バイクは『道路運送車両法』によって、表1のように車両区分がされている。このうち車検を受ける義務がある250cc超の小型二輪車は、2年ごとに(新車は初回のみ3年後)受審しなければならない。

　なお、250cc以下の軽二輪車や原付には車検の義務はないが、安全走行のために定期的なメンテナンスは欠かせない。この後のページで基本的な点検方法を紹介するので参考にしてほしい(P110～参照)。

　また、バイクにかかる税金には、自動車重量税と軽自動車税の2種類があり、自動車重量税は125cc超の小型二輪車と軽二輪車が対象になっている。小型二輪車の場合は車検毎に納税義務があるが、125cc超250cc以下の軽二輪車は、居住地域の陸運輸局支所に車両番号指定(ナンバープレート)の届け出をする際に一度だけの納税で済む。

　いっぽう軽自動車税は、原付から小型二輪車まですべての車種が対象だ。毎年4月1日現在の所有者が納税義務者となる。途中で所有者が変更されても納税者に還付されないので注意が必要だ。それぞれの税額は表2のようになっている。

【表1】車両の区分　※運転免許の種類に適用されている「道路交通法」による区分とは異なっている

二輪の小型自動車(小型二輪)	排気量250cc超～制限なし
二輪の軽自動車(軽二輪)	排気量125cc超～250cc以下
原動機付自転車(原付)第二種	排気量50cc超125cc以下
原動機付自転車(原付)第一種	排気量50cc以下

知っておきたい！ バイクまわりの知識

【表2】 自動車重量税、軽自動車税の金額 ※1年ごとの税額 ※自家用でエコカー減税適応外

車両区分	自動車重量税	軽自動車税
小型二輪車	1,900円～2,500円	4,000円
軽二輪車	4,900円（取得時）	2,400円
原付第二種	なし	1,600円（90cc超～125cc以下）
	なし	1,200円（50cc超～90cc以下）
原付第一種	なし	1,000円（50cc以下）

2014年4月1日現在　※2015年4月から軽自動車税は税額が変更になります。

自賠責保険（自動車損害賠償責任保険）のこと

無加入だと罰則や事故での補償費用負担も。
車検のない車両も必ず自賠責保険に入ろう！

『自動車損害賠償保障法』により、すべての二輪車は「自動車損害賠償責任保険（自賠責保険）」への加入が義務づけられている。自賠責保険に加入しないで運転をすることは法律違反で、罰則として1年以下の懲役または50万円以下の罰金が課され、さらに免許停止処分になる。また、自賠責保険に加入しないまま人身事故を起こせば、場合によっては莫大な損害賠償金を自己負担しなくてはならない。

小型二輪車など車検が義務化された車両は、審査時に合わせて自賠責保険への加入手続きが必要なので問題はないが、250cc未満の車検のない車両の場合、加入・更新手続きを面倒に思ったり、つい忘れてしまう人が多いので注意が必要だ。

手続きは損害保険会社の支店窓口や、自動車やバイクの販売店のほか、バイクなら郵便局でも手続きができる。また、一部の保険会社では、インターネットやコンビニエンスストアでも加入できるので必ず加入・更新手続きをしよう。

加入・更新手続きに必要な書類は、車検のある車両なら車検証、現在使用している自賠責保険証明書。車検のない車両は、軽二輪は軽自動車届出済証と現在使用している自賠責保険証明書。原付は標識交付証明書と現在使用している自賠責保険証明書となる。自賠責保険の料金は表3に紹介するが、いずれの損害保険会社で加入しても保険料や補償額は共通である。

【表3】 自賠責保険の料金 ※2013年4月1日現在。離島以外の地域（沖縄県を除く）に適用

車両区分	12ヶ月	24ヶ月	36ヶ月	48ヶ月	60ヶ月
小型二輪車	9,180円	13,640円	18,020円	—	—
軽二輪車	9,510円	14,290円	18,970円	23,560円	28,060円
原付	7,280円	9,870円	12,410円	14,890円	17,330円

chapter 3 ● ライダーのための基礎知識&役立ちノウハウ

任意保険のこと

自賠責保険をフォローするのが任意保険。
ロードサービスの充実も選択基準のひとつ

　先に紹介した自賠責保険では補てんできない部分をカバーするのが任意保険だ。こちらは法律上の義務ではなく、あくまで個人の判断で加入するのだが、自賠責保険は、他人の身体的被害に対しての補償のみ（最高3,000万円まで）で、事故相手の車両やガードレールなどの物への損害に対する賠償、自分のバイクやケガについての補償は受けられない。そこで、さまざまな種類の任意保険でこうした部分をフォローする必要があるのだ。高額賠償が増えた昨今では、自賠責の補償限度を超えた場合の補てんにも大きな支えとなってくれる。

　任意保険には対人賠償のほか、対物賠償などさまざまな種類があるが、こうした保険を組み合わせた保険商品が増えている。各損害保険会社の保険商品を比較して、自分に適した保険を選ぼう。

　なお、選ぶ際に注目したい点が、事故や故障時のロードサービスの内容だ。ガス欠時のガソリン補給、バッテリーあがりのジャンピング、無料のレッカー移動、修理後の車両の搬送費用など、さまざまな補償を各社が競っているので、是非、比較検討して選びたい。本書で紹介したトラブルの中にも、こうしたサービスによって助けてもらえるケースがたくさんある。

【表4】任意保険の種類（一例）

対人賠償保険	人身事故で賠償責任を負った場合に、自賠責保険でカバーできない部分の金額を保障する。
対物賠償保険	電柱や塀、ガードレールなど、対物事故で賠償責任を負った場合に支払われる。
自損事故保険	自損事故によって運転者（ライダー）自身が死傷した場合に支払われる。
無保険車傷害保険	事故の相手が保険に加入していなかった場合に、加入者側の運転者や同乗者の死傷や後遺傷害に対して支払われる。
搭乗者傷害保険	加入者側のバイクに乗っていた人が、死傷したり後遺傷害を負った場合に支払われる。

ロードサービスの一例

多くのサービスが無料だが、利用の回数や適用距離範囲など、条件の差が各社あるので検討しよう。
● サービス内容
レンタカー費用、宿泊費用、目的地到着費用、帰宅費用、キー紛失時の開錠・キー作成、各種オイル漏れ点検・補充、エンジン冷却水補充、灯火類のバルブ交換　など

知っておきたい！ バイクまわりの知識

事故対応のこと

万一、事故を起こしてしまったら
優先順位は「人命→警察→保険会社」で対応

　単独の事故、人身事故、ほかのバイクや自動車との接触事故など、状況はさまざまだが、共通して優先するべきは人命と自身の安全確保だ。事故現場にケガ人がいる場合は、負傷者の様子を見ながら安全な場所へ移動させたり、119番で救急車を呼ぶなどの対応をとること！　また、自分が加害者になった場合は、たとえ軽そうに見えるケガでも被害者に付き添い、病院で診察を受けてもらうべきだ。

　次の段階では、ほかの通行車両の妨げにならないよう、路肩など安全な場所にバイクを移動する。自分がケガをしたり、まわりに人がいないため動かせない場合は、レッカー車の手配も必要だ。

　後続車などへの安全も確保したら、警察へ事故の連絡をする。その際、人身事故の場合はそのことをはっきり伝えよう。加害者は警察への報告義務があり、被害者になった場合も保険の手続き上、届け出ることが必要だ。なお、警察への届出がないと「交通事故証明書」が交付されず、保険金の請求に支障をきたす場合もある。

　この後に、保険会社へ事故の連絡をしよう。また、後に相手方とのトラブルや、保険の請求などに役立つので、事故の状況や相手方の連絡先などをメモしておきたい（下記参照）。

後で役立つ　事故の記録メモ

1 事故発生の日時、場所
記憶が薄れて事故当時の状況があいまいになることがあるので、事故直後に現場の状況見取図や事故の経過を、写真やメモで記録しておく。

2 相手（被・加害者）の住所、氏名、連絡先、車の登録番号（ナンバー）

3 自賠責保険証明書番号、任意保険の会社名

4 届出をした警察と、その担当官名

5 事故の状況、原因

6 目撃者がいる場合は、その人の連絡先
相手方と事故の状況でトラブルになる場合もある。その際に第三者の証言は効果があるので、通行人など事故を目撃した人がいれば、その証言をメモしておきたい。また、いざという時に証人になってもらえるよう依頼しておこう。

chapter **3** ライダーのための基礎知識&役立ちノウハウ

[16のCHECK]で
トラブル防止
やっておきたい！
5分でできる乗車前点検

トラブルを未然に防ぐ16項目の乗車前点検を習慣にしよう！慣れるまでは面倒に思うかもしれないが、数分で終わる簡単なチェックだ。これだけでもトラブルの発生をグンとおさえられる。

点検、メンテナンスの第一歩は洗車から！

洗車はバイクをキレイにする以外に、不具合やキズの発見もできる重要なメンテナンスのひとつ。全天候型のバイクだが、洗車のために水をかける場合は上から、前方からが基本。

CHECK 1 インジケーターランプの点灯

F-I車はイグニッションキーをひねった瞬間にすべてのランプが点灯、速度計などが振り切れて戻り、ランプ類も消灯する。これは始動準備が整った合図。各ランプの正常な点灯および消灯を確認しよう。

エンジンコンピューターチェックランプの点灯確認はとくに大切

CHECK 2 ブレーキフルードの量

ブレーキフルードが漏れていなければ、フルードの減少はブレーキパッドの摩耗を意味する。ブレーキフルードがロワーラインより下なら危険信号！パッド交換の合図だ。

110

5分でできる乗車前点検

ヘッドライトの点灯 CHECK 3

バイクに乗車したままヘッドランプに手をかざせば、点灯を確認できる。ハイビームも同時に確認しておこう。

CHECK 4 テールランプ、ストップランプの点灯

手をテールランプにかざして、ブレーキペダルを踏んだりレバーを握り点灯確認。点灯タイミングも同時にチェックしよう。

CHECK 5 ウインカーの点滅

スイッチを切り替え、左右の点滅を確認。球切れがあると同方向のもう一つは点灯しても点滅しない。前後とも点滅しない場合はウインカーリレーの故障。ショップに相談しよう。

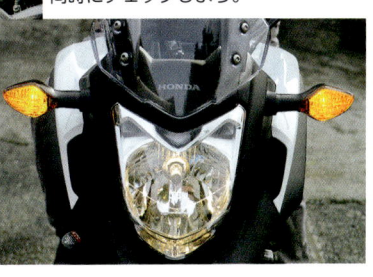

CHECK 6 ブレーキ&クラッチのレバーの作動

クラッチレバーに遊びがないとクラッチの滑りを誘発する。ブレーキレバーは強く握った時に、グリップにつくようではダメ。その時は必ず調整、修理してから走りだそう。

ブレーキレバー

クラッチレバー

左手で遊びを確認しながら調整する。付け根付近で1〜2mmが標準（P86〜参照）

アドバイス ブレーキレバーがグリップにつくケースで、ディスクブレーキの場合はブレーキラインへのエア混入が考えられる。まずはショップに相談しよう。

chapter **3** ライダーのための基礎知識&役立ちノウハウ

CHECK 7 バックミラーの調整

普段の乗車ポジションで、無理なく後方確認できるように調整する。ミラーアームの取り付けに緩みがないかも同時に確認しよう。基本的なことだが忘れてはイケナイ。

CHECK 8 ホーンの作動

日本ではあまり鳴らすことがないホーンだが、鳴らないと車検にも受からない保安部品だ。

CHECK 9 ブレーキペダルの踏みしろ

ブレーキペダルを踏み込んで普段と違う感覚がないか？を確認する。異常を感じたら即ショップに相談しよう。

CHECK 10 ガソリンの残量

フューエルメーターが装備されていても、メーター確認のほかに燃料タンクキャップを開けて目視確認すれば万全。

CHECK 11 タイヤの空気圧、異物の刺さり

定期的（月に１度程度）にエアーゲージを使って空気圧を測っていれば、指押し確認でOK。同時にタイヤに刺さる異物チェックもしておこう。

5分でできる乗車前点検

CHECK 12 チェーンの張り、注油の状態

チェーンのたるみや油切れは、走行中の音でも判断できるが、走行前に目視点検することが大切。

CHECK 13 リアブレーキのフルード量

リアブレーキ用もフロントと同じように、ロワーラインよりフルードが下ならパッド交換の合図。褐色になるフルードの汚れにも注意。

CHECK 14 ラジエターのリザーバータンクの冷却(クーラント)液の量

エンジンが冷えている状態で、ラジエターのリザーバータンクのアッパーライン付近にクーラント液があれば問題ない(写真はわかりやすくするために、アンダーガードを外した)。

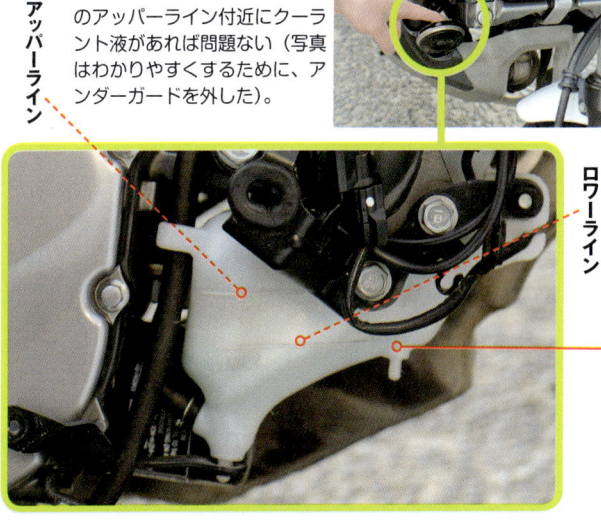

アッパーライン

ロワーライン

リザーバータンク

chapter **3** ●ライダーのための基礎知識&役立ちノウハウ

CHECK 15 エンジンオイルの量、汚れ

点検窓がある場合

暖機後にエンジンを止め、3分おいてバイクを垂直にする。この時、点検窓のアッパーライン付近にオイルがあればOK。サイドスタンドでオイルチェックはできない。

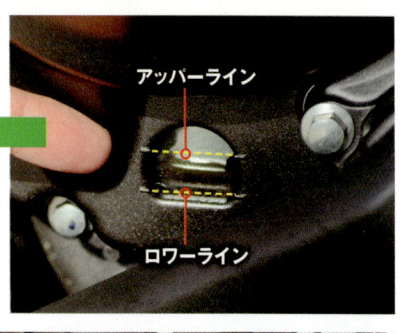

アッパーライン
ロワーライン

レベルゲージの場合

1 バイクを垂直にする。センタースタンドがない場合は、メンテナンス・スタンドを使うと便利で安全。

2 バイクを暖機してエンジン停止。3分以上経過したら、レベルゲージを回しながら抜き取る。

3 レベルゲージに付着しているオイルを、一度キレイなウエス(布)で拭き取る。

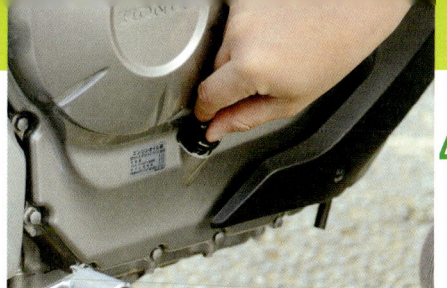

4 キレイにしたレベルゲージを穴に戻すが、ねじ込む必要はない。ただ当たるまで差し込むだけでよい。

5 再びレベルゲージを引き抜くと、ゲージ先端にオイルが付着している。アッパーライン付近にオイルがあればよいが、ロワーライン付近なら同じ銘柄のオイルを補充する。この時、指先にオイルをつけて感触を確認し、適度な粘度があればよいが、水のようだったりガソリンくさければ交換する。

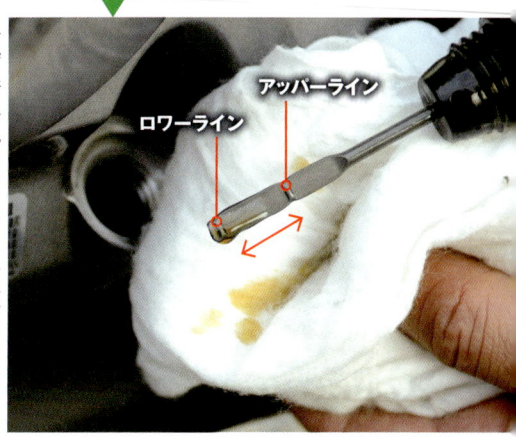

ロワーライン　アッパーライン

CHECK 16 オイル漏れ

クランクケースカバーに装着されている、調整ネジにオイル漏れが見られる例

シリンダーヘッドにオイル漏れが見られる例

クランクケースカバー周辺や装着されている調整ネジ、シフトカム付近のほか、シリンダーヘッドやヘッドカバー付近に、オイル漏れが多発する傾向があるので重点的にチェックする。

アドバイス オイル漏れは増し締めではほとんど解決せず、箇所によっては自己修理が難しい。まずはショップに相談することをススメル。

chapter **3** ●ライダーのための基礎知識&役立ちノウハウ

ベテランライダー直伝 ツーリングで ［役立つ&困らない］ノウハウ

知っていてもウッカリ忘れている、バイクにまつわる基本注意事項を再確認して、無用なトラブルで悩まない快適なバイクライフを楽しもう。言われてみれば当たり前のことばかりだが、ゼヒー読してほしい。経験上、役に立ったノウハウも合わせて紹介する。

ノウハウ **1** キーの紛失防止

キーは抜いた後の保管場所を決めておきスペアキーも保管場所を決めて携帯する

　ランチ後の食堂駐車場でアレッ？　キーはどこだ？　ホテルやキャンプ場から出発する朝のキー捜索なら、せっかくバイクに積んだ装備を改めて解体して、荷物の隅々まで捜す場合もある。バイクのキーについてハラハラと心配しないですむ、小さなことだが知っていると便利な知恵を紹介しておこう。

キーの保管場所

カラビナ

ライディングジャケットかパンツにキーを取り付けて保管するとよい。その際、カラビナや伸縮タイプのキーホルダーを、ウエアに装備しよう。いつも同じ場所にキーを収納保管する習慣が大切だ。

ツーリングで [役立つ&困らない] ノウハウ

スペアキーも携帯

万一のキー紛失に備えて、スペアキーをサイフなど体からつねに離さない装備に入れておけば安心だ。

キーの番号を控える

キーに刻印されているシリアルナンバーを控えておけば、キーを紛失してもショップで正規キーを注文購入ができる。シリアルナンバーが見当たらない場合はショップに相談（無料）。

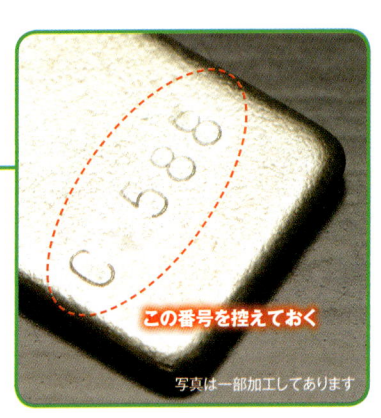

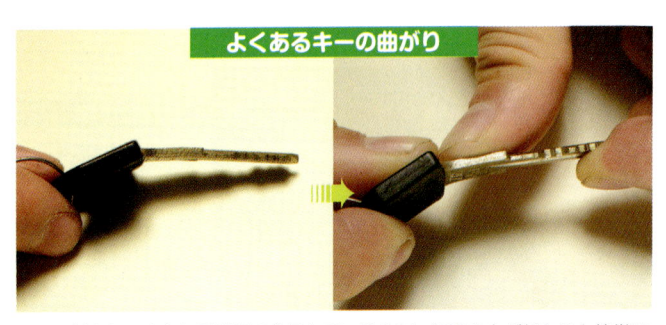

この番号を控えておく

写真は一部加工してあります

よくあるキーの曲がり

キーは折れないように柔鉄鋼で作られているので、無理な力が加わると簡単に曲がる。曲がったら形を戻せば再使用できるが、なるべくバイスなどの工具を使って正確に修正しよう。何度も曲げ&修正を繰り返すと折れるので注意！

ワンポイント ＊バイスとは、万力など物を強くはさむための工具。

117

chapter **3** ●ライダーのための基礎知識&役立ちノウハウ

ノウハウ**2** 携帯したいツール

車載工具のほかにメガネレンチなども。ガムテープや針金なども用意したい

　ツーリング中のバイクトラブルを心配して工具をナンデモ、カンデモ積載する人がいるが、自分で修理できない故障に使う工具は、持っていても無用の長物。自己解決に必要な工具を厳選して携帯すれば装備の軽量化にもなり、取りまわし中の転倒事故なども減少する。

携帯したい基本ツール

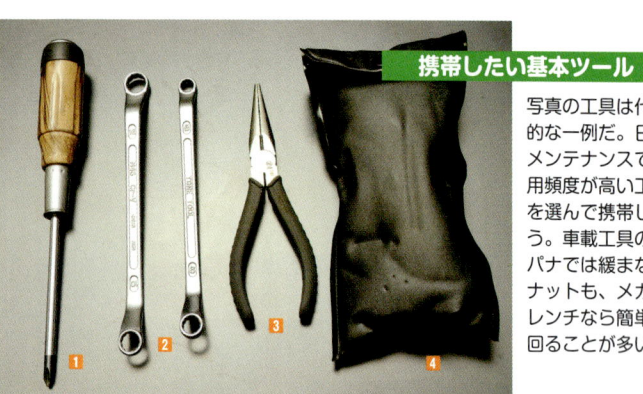

写真の工具は代表的な一例だ。日常メンテナンスで使用頻度が高い工具を選んで携帯しよう。車載工具のスパナでは緩まないナットも、メガネレンチなら簡単に回ることが多い。

1 3番(中型)のプラスドライバー　**2** メガネレンチ(自分のバイクで使用頻度の高いサイズ)
3 ラジオペンチ　**4** 車載工具一式

意外に役立つ小物

ガムテープは芯を抜いたり、必要な長さに切ってから巻き直して携行する。活用範囲が広い細めの針金と、接着力が強いエポキシ系パテは万一の転倒事故のお助けグッズになる。

1 ガムテープ(芯を抜いてつぶして携帯)　**2** 針金　**3** 金属の穴埋め用パテ

ツーリングで[役立つ&困らない]ノウハウ

ノウハウ3 工具の使い方

どこでも効率よく作業するために正しい工具の使い方を知っておこう

工具は正しく使わないとケガをしたり、ネジやナットを破損して、小さなトラブルを大きなトラブルにしてしまうこともある。ココで改めて工具の基本的な扱い方をオサライしておこう。

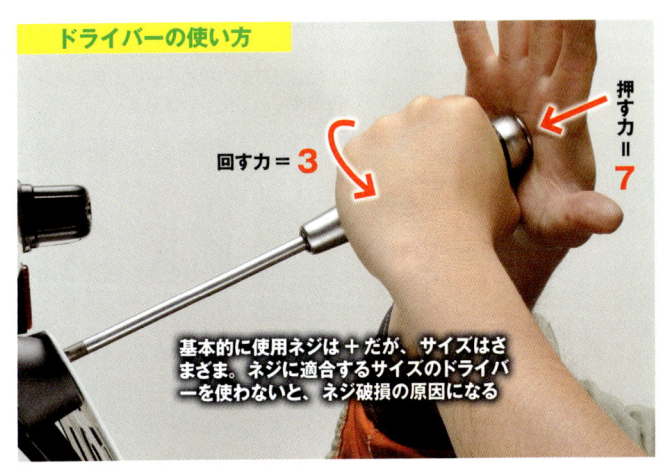

ドライバーの使い方

回す力＝3
押す力＝7

基本的に使用ネジは＋だが、サイズはさまざま。ネジに適合するサイズのドライバーを使わないと、ネジ破損の原因になる

ドライバーには1、2、3番の3種類があるが(精密ドライバーを除く)、多用するのは1番と3番。押す力を強くして余力で回す要領だ。

ナットサイズの測り方

ナットやボルト頭のサイズは慣れるとひと目でわかるようになるが、わからない場合は*ノギスなどのスケール（計測器）で測る。

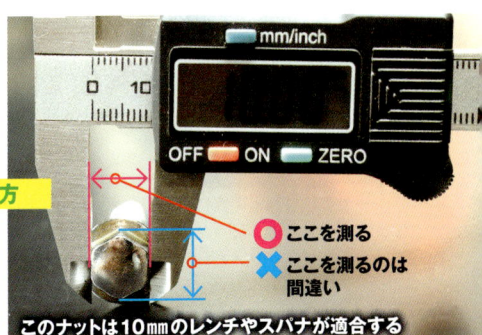

⭕ ここを測る
❌ ここを測るのは間違い

このナットは10mmのレンチやスパナが適合する

ワンポイント ＊ノギスとは外側・内側・深さ・段差を精密に測定できる精密計測器。DIYショップやネットで購入可（2000円程度～）

chapter 3 ● ライダーのための基礎知識&役立ちノウハウ

スパナの使い方

上に比べてこの部分のふくらみが大きいのがわかる。
こちらを回す方向に対して後ろ側にするのが正しい使い方

先端開放形の*スパナは強い力でネジを回すと、ネジをくわえる部分が広がる傾向がある。これを避けるために、最初1発目や最後の締め、強い力を入れる時は、スパナ先端の太い方を回転方向の後ろ側にして使うのが基本。

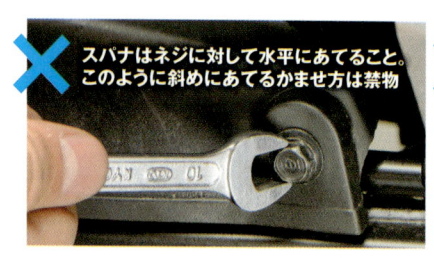

✕ スパナはネジに対して水平にあてること。このように斜めにあてるかませ方は禁物

✕ 力まかせに締めるよりも、適切なトルクで優しく締めたネジの方が緩みにくい

レンチの使い方

正確な締めつけ力（トルク）は各車のサービスマニュアルに従うべきだが、緩める力を記憶して同程度の力で締めることも可能

ブレーキまわりなど確実に締めたいボルト・ナットには、必ずメガネレンチかソケット（ボックス）レンチを使う。締め付け力はレンチのアームの長さで調整し、基本的に腕力を一定にするのがコツ。

小さなボルト・ナットを回す時は、レンチのアームを短く持つ。ネジから持ち手の距離が2倍になれば、締め付け力は4倍。距離を3倍にすれば、9倍の締め付け力になることを忘れない！

ワンポイント *スパナはオープンスパナと呼ぶこともある。
また、ネジが緩んでいればスパナは扱いやすい方向（角度）で使ってOK。

ツーリングで [役立つ&困らない] ノウハウ

ノウハウ4 出先でのメンテ

ツーリング中も気にとめておきたい トラブルを防ぐチェックポイント

ささいなトラブルは、ささいな段階で解決するのが基本。ツーリング中でも毎日バイクの状態をチェックして、楽しい旅が続くようにしよう！

POINT 1 ガソリン残量、エンジンオイルの量と漏れ確認

どちらも出発前（エンジン始動前）にチェックしたい。ガソリン残量はタンクキャップを開けて確認！ オイル漏れはエンジン周囲の目視でOKだが、量の確認は愛車の点検方法に従う。

POINT 2 クラッチの遊びに不満があればスグ調整

油圧クラッチは大きく変化することが少ないが、ワイヤー式クラッチはレバーの遊び確認を習慣にしよう。突然遊びが大きくなった場合はワイヤー切れの前兆。早めに交換したい。

POINT 3 雨中走行の後はチェーンに注油

主流になったシールチェーンなら神経質になる必要はないが、ノンシールチェーンやエンジンオイルの廃油でチェーンメンテをしている場合は、必ず注油してから走行しよう。

POINT 4 その日の不調はその日に解決

走行中に感じたバイクの異変は、スグに対策を施して修復することが、楽しいツーリングを続けるコツだ。異変を無視して走り続け、バイクが息の根を止めてからでは、時間と費用の両方に大きな代償が必要になる。

chapter **3** ライダーのための基礎知識&役立ちノウハウ

ノウハウ 5 トラブらない運転

安全でスマートな ライディング・アドバイス

　限りなく存在する安全・快適走行のテクニックや注意点だが、あらためて代表的5項目を再確認をしよう。また、バイク・ライディングは地味に見えても全身運動だ。出発前や休憩時にはストレッチをして、筋肉と心の緊張をほぐすことも忘れずに！

ADVICE 1　出やすい位置に駐車する

取りまわし事故、「立ちゴケ」を回避する簡単な方法

　重い大型バイクの増加に伴い、取りまわしや極低速時の転倒（立ちゴケ）やケガが増えている。コンビニ休憩や昼食などでチョット駐車する場合でも、止めやすさだけを考慮してバイクを止めるのではなく、出発のことを考えて駐車する習慣をつけておこう。コレだけで立ちゴケの危機は激減する。

休むことを優先してバイクを店に向けて止めるのではなく、空いている駐車スペースを利用して方向転換し、車首を出口方向に向けて駐車しよう。

アドバイス　転倒例も多いUターン時のスピードコントロールは、後輪ブレーキと半クラッチだけで行うのが基本。

ツーリングで[役立つ&困らない]ノウハウ

ADVICE 2　混合交通の走り方

危険な重大事故が多発する交差点通過は特に慎重に！

　4輪車とバイクでは見える視界が大きく違う。お互いにまったく見えていない「死角」も存在することを忘れてはイケナイ。公道上にはさまざまな種類の車両が走っている。バイクから見えていても、4輪車のドライバーには見えない瞬間があることを絶対に忘れないで、交通全体の状況を意識した、道路運行の流れを乱さない運転を心がけよう。

　また、公道上で最も危険な箇所が交差点だ。自車の前後だけではなく左右、広範囲に注意を払って慎重に通過しなければならない。流れに沿った運転をしていても「交差点付近のスリヌケは巻き込まれる」「沿道のお店に4輪車が急に入る」「タクシーや運送車両は急停止する」カモシレナイ！　という気構えとともに、4輪ドライバーとのアイコンタクトや、他車のささいな挙動から、動きを想像する予測運転も大切だ。

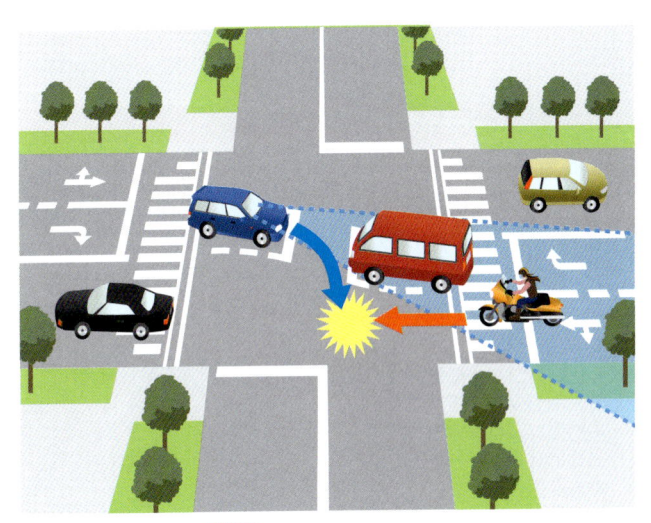

対向右折車の視界

右折待ちで停止中の青い車からは、赤い車が邪魔でバイクが見えない。バイクも「赤い車を無視して減速せずに直進→青い車が右折→衝突」の事例だ。また、接近するバイクの速度を誤って予測し、右折車がイケルと勘違いして「右折開始→衝突」も多発する。

chapter **3** ライダーのための基礎知識&役立ちノウハウ

ADVICE 3　雨天走行の心がけ

**降りはじめが一番危険！
スリップに注意して
走行しよう**

　ヘルメット・シールドやゴーグルが雨に濡れることは、ワイパー故障の自動車を雨中走行させることと同じ。撥水剤などで視界を確保し、減速運転もしよう。緊張して体に力が入ると反応が鈍くなるので、リラックスも必要だ。また、雨の降りはじめは路面のホコリや泥が浮き上がるので、最も滑りやすいことを覚えておく。

雨中走行では自分が見えないばかりか、他車からの視認性も低下する。制動距離も伸びるので、ブレーキタイミングやカーブでバイクを傾ける角度にも注意！

ADVICE 4　高速道路の走り方

**微妙な他車の動きから
ドライバー心理を読み
走行車線を堂々と走る**

　車線を変更するドライバーは、後方と進路の安全確認のため、わずかに姿勢を変化させる。この姿勢変化がハンドルに影響して、車も少し進路方向に振れる。隣り車線の車が微妙に近寄ってきたら、車線変更の前兆だ。また、自分が車線変更をする場合は、はっきりミラー確認をしたり振り返えれば、他車から車線変更を予測してもらえる。

基本はキープレフトだが、高速道路では道路の左端を走るのは危険。4輪車の車線内追越しなどの危険行為から逃れるためにも、左側車線の中央を堂々と走ろう。

ツーリングで[役立つ&困らない]ノウハウ

ADVICE 5　山間部の走り方

視線を向けた方向にバイクは曲がる！

　理由は定かではないが、バイクは視線を向けた方向に進む。カーブにオーバースピードで進入して「ガードレールが怖い！」とガードレールを見れば、バイクは吸い寄せられるようにぶつかるのだ。常に視線を進行方向に向けることはとても重要なことだが、視線だけを向けるのではなく、首から顔全体を進行方向に向けてアゴを引くと、上級ライダーに見えるから挑戦してみよう。

　カーブを曲がる基本はアウト→イン→アウト（カーブ手前で減速して進行方向外側の走行ラインからカーブの頂点に向かい、カーブ頂点ではカーブの内側＜車線内＞にバイクを寄せる。出口に向かっては、加速しながら再び外側ラインを目指す）でカーブの半径を大きくして走る。しかし、先が見えない「ブラインドコーナー」では、対向車が車線をはみ出してくる可能性があるのでアウト→アウト→アウトの走行ラインの方が安全といえる。

・・・● バイク（ライダー）の視線　　➡ 車の走行ライン

青い点線はライダーの視線を示している。バイクの直前を見るのではなく、進行方向を見据えることが大切だ。急カーブでは対向車が車線をはみ出す可能性を考慮して、イン側を開ける安全な走行ラインを取ることが賢明だ。

バイクトラブル INDEX

トラブルの状況やキーワードで検索

トラブルの状況や症状のほか、バイクの部位名称や部品などの
キーワードからも、見たいページがスグに検索できます。

ア

アイドリングが安定しない………83
アクセルが重い………80
アクセルが回らない………17
アクセルの遊び過多………82
アクセルワイヤーの遊び調整………82
アクセルワイヤーの劣化(注油)
………80
ウインカーが点滅しない………58
ウインカーのバルブ交換………58
ウインカーリレーの交換………59
雨天走行の心がけ………124
エアクリーナーのクリーニング
………29
エアーゲージ………77、94
エンジン回転が低い・高い………83
エンジンがかからない
………26、32、34
エンジンの回転が
スムーズに上がらない………84
エンジンの回転は上がるが
速度が上昇しない………86
エンジンブレーキを強く感じる
………62、63
オイルクーラー………100
オーバーヒートになりやすい………98
押しがけ………36

カ

過積載………77
ガソリンくさい………96
ガソリン残量………27、112、121
キーの保管、紛失………116
キャブレターの不調………31
キルスイッチ………27、33

クラッチの摩耗、遊び
………86、87、121
クラッチ・ミートポイント………87
クラッチワイヤーの伸び………87
軽自動車税………106
携帯したいツール………118
工具の使い方………119
高速道路の走り方………124
後輪の上げ方………50
後輪の外し方………42
後輪付近からガシャガシャ(異音)
………70
後輪付近からシャー(異音)………68
ゴーゴー(異音)………62
混合交通の走り方………123

サ

サイドスタンドしかないバイク
………50
サスペンションの底つき………102
サスペンションの劣化………102
山間部の走り方………125
事故対応………109
自動車重量税………106
自賠責保険(自動車損害賠償責任保険)
………107
しばらく走るとエンジンが不調になる
………97
シフトペダルの調整………88
シフトミスが多い………88
シャーシャーシャー(異音)………63
車検………106
乗車位置………95
乗車前点検………110

ステムベアリング
　　（ステアリングステム）………78
ストップランプがつかない………55
ストップランプのバルブ交換………55
スパナの使い方………120
スペアキー………117
スラストベアリング………75
税金………106
セルモーターのヒューズ交換………33
前輪の上げ方………51

タ

タイヤが滑る………94
タイヤ空気圧の調整………94
タイヤの空気が異常に減る………101
タイヤの劣化………94
立ちゴケ………10
段差でサスペンションが
　　ストッパーに当たる………102
ダンパーのオイル抜け、漏れ
　　………102
チェーンの遊び過多………70
チェーンの油切れ………68、121
チェーンラインの狂い………70
手信号………57
テール、ストップランプが点灯しない
　　………55、57
出先でのメンテ………121
点火系統の確認………31
転倒………10
転倒後にエンジンがかからない
　　………17
電動ファンの点検………99
ドライバーの使い方………119
ドラムブレーキのペダル位置調整
　　………92

ナ

ナットサイズの測り方………119
ニュートラルが出にくい………87
任意保険………108
燃料タンクの通気穴………97
ノッキング………75

ハ

排気音………73
排気漏れ………73
ハイビームで走れる応急処置………52
バッテリージャンプ………34
バッテリーの交換………37
バッテリーの充電………35
ハブダンパー………93
ハブベアリングの交換………62
バルブクリアランス………74
バルブコア、バルブ
　　………44、77、101
ハンドルが引っかかる、
　　重い、ガタつく………78
パンク修理（チューブレスタイヤ）
　　………38
パンク修理（チューブタイヤ）………44
ヒューズ………33、37
深く踏まないとブレーキが効かない
　　………90
フューエルラインの点検………96
プラグのギャップ調整………85
プラグのクリーニング………28、84
プラグキャップの緩み………28
プリロード調整………103
ブレーキをかけると
　　ガッガッガー（異音）………64
ブレーキキャリパーの
　　オーバーホール、交換………63
ブレーキの引きずり………62、63
ブレーキパッドの摩耗………64
ブレーキペダルの調整
　　………23、24、90
ブレーキロッド………92
フロントフォーク………76
ペダルの交換………24
ペダルの曲がりを直す………23
ヘッドライトが点灯しない………52
ヘッドライトのバルブ交換………53
変速時にガツンとショックがある
　　………93

マ

曲がったミラーの調整方法………16
ムシ………44、77、101
メインスタンドの扱い方………14
メインヒューズの交換………37

ラ

ラジエター冷却液の点検
　　………98、113
冷却フィンのクリーニング………100
レバーが折れた………18
レバーの交換………19
レバーの曲がりを直す………22
レンチの使い方………120

127

太田 潤

1954年、横浜生まれ。写真家。
東京綜合写真専門学校卒業。10歳からバイクに乗り始め、16歳でモトクロスチームを作り、メカニックを経験。ツーリング歴は、日本1周1回を含め、一部の離島を除き国内はほぼ走破。海外ツーリングは、オーストラリア縦断、アメリカ南部、タイ東北部、ネパール西部、マレーシア1周など。
現在はバイクや自動車での旅、野外料理などの分野を中心に、単行本の執筆、テレビ出演などで活躍中。おもな著書に『バイク・メンテナンス&簡単カスタム』『アウトドアクッキング220メニュー』(大泉書店)、『燻製おつまみ』(講談社)がある。

著・撮影	太田 潤
編集協力	児玉編集事務所
デザイン・AD	ZEN CORPORATION
カバーデザイン	GRiD (八十島博明)
イラスト	村上えり香
Special Thanks	櫻井伸樹　河原信幸　湯本芳伯
撮影協力	川崎市黒川青少年野外活動センター
	http://www.kurokawa-yagai.com

バイク・トラブル解決マニュアル

2014年7月14日　初版発行

著　者／太田　潤
発行者／佐藤龍夫
発　行／株式会社 大泉書店
〒162-0805 東京都新宿区矢来町27
電話:03-3260-4001(代)　FAX:03-3260-4074
振替:00140-7-1742

印刷・製本／大日本印刷株式会社

ⓒ Jun Ota 2014 Printed in Japan
URL　http://www.oizumishoten.co.jp/
ISBN 978-4-278-06023-2　C0065

落丁、乱丁本は小社にてお取替えいたします。
本書の内容についてのご質問は、ハガキまたはFAXにてお願いいたします。

本書を無断で複写(コピー・スキャン・デジタル化等)することは、著作権法上認められた場合を除き、禁じられています。小社は、著者から複写に係わる権利の管理につき委託を受けていますので、複写をされる場合は、必ず小社にご連絡ください。

メンテナンス・ノート

**点検で気づいた不調箇所や交換した部品を書き留めておこう。
オイル交換やタイヤ、ブレーキパッドなどは、
気になった時に書き込もう。**

日付・走行距離	点検項目	交換部品
年 月 日 km		
年 月 日 km		
年 月 日 km		
年 月 日 km		
年 月 日 km		
年 月 日 km		

メンテナンス・ノート

日付・走行距離	点検項目	交換部品
年 月 日 km		
年 月 日 km		
年 月 日 km		
年 月 日 km		
年 月 日 km		
年 月 日 km		
年 月 日 km		

ツーリング・ノート

**使用前には必ず緊急連絡先を書いておこう。
燃費はバイクの調子を測るバロメーターにもなるので、
面倒でも書き込むと役立つハズだ。**

緊急時のために氏名や連絡先を記入しておきましょう

氏名：　　　　　　　　　　　　　　　　　　血液型：　　　　　型
緊急時連絡先
※親族などの連絡先：

日付・天候 気温 目的地	服装・装備	走行距離 燃費	備考（メモ）
年 月 日 最低　　℃ 最高　　℃ 目的地		km km/ℓ	
年 月 日 最低　　℃ 最高　　℃ 目的地		km km/ℓ	
年 月 日 最低　　℃ 最高　　℃ 目的地		km km/ℓ	
年 月 日 最低　　℃ 最高　　℃ 目的地		km km/ℓ	

ツーリング・ノート

日付・天候 気温 目的地	服装・装備	走行距離 燃費	備考（メモ）
年 月 日 最低　　℃ 最高　　℃ 目的地		km km/ℓ	
年 月 日 最低　　℃ 最高　　℃ 目的地		km km/ℓ	
年 月 日 最低　　℃ 最高　　℃ 目的地		km km/ℓ	
年 月 日 最低　　℃ 最高　　℃ 目的地		km km/ℓ	
年 月 日 最低　　℃ 最高　　℃ 目的地		km km/ℓ	
年 月 日 最低　　℃ 最高　　℃ 目的地		km km/ℓ	

日付・天候 気温 目的地	服装・装備	走行距離 燃費	備考 (メモ)
年 月 日 最低　　℃ 最高　　℃ 目的地		km km/ℓ	
年 月 日 最低　　℃ 最高　　℃ 目的地		km km/ℓ	
年 月 日 最低　　℃ 最高　　℃ 目的地		km km/ℓ	
年 月 日 最低　　℃ 最高　　℃ 目的地		km km/ℓ	
年 月 日 最低　　℃ 最高　　℃ 目的地		km km/ℓ	
年 月 日 最低　　℃ 最高　　℃ 目的地		km km/ℓ	

ツーリング・ノート

出かける時は忘れずに！
持ち物チェックリスト

※空欄にはあなたのマストアイテムを記入してください。

1DAYツーリング（日帰り）

持ち物リスト	年 月 日 目的地	年 月 日 目的地	年 月 日 目的地	年 月 日 目的地
免許証＋本書	☐	☐	☐	☐
保険会社連絡先	☐	☐	☐	☐
健康保険証（コピー可）	☐	☐	☐	☐
お金（サイフにスペアキー）	☐	☐	☐	☐
クレジットカード	☐	☐	☐	☐
携帯電話（充電器）	☐	☐	☐	☐
地図	☐	☐	☐	☐
積載用ゴム（予備）	☐	☐	☐	☐
眼鏡・目薬（予備のコンタクト）	☐	☐	☐	☐
筆記用具	☐	☐	☐	☐
カメラ＋三脚	☐	☐	☐	☐
帽子	☐	☐	☐	☐
レインウェア（ブーツカバー＋レイングローブ）	☐	☐	☐	☐
バンダナ or ハンカチ	☐	☐	☐	☐
ファーストエイドキット（救急用品）	☐	☐	☐	☐
寒い場合の防寒用ウエア（フリースなど）	☐	☐	☐	☐
緊急用行動食	☐	☐	☐	☐
ツールナイフ	☐	☐	☐	☐
小型ライト（懐中電灯）	☐	☐	☐	☐
カイロ	☐	☐	☐	☐
コンビニ袋	☐	☐	☐	☐
車載工具＋必要な工具（ガムテープ・針金など）	☐	☐	☐	☐
パンク修理キット（チューブレスタイヤの場合）	☐	☐	☐	☐
※さらに、あればイザという時に助かるモノ				
左右レバー＆リペアキット	☐	☐	☐	☐
洗剤＆物干しひも	☐	☐	☐	☐
トイレットペーパー	☐	☐	☐	☐
軍手	☐	☐	☐	☐

持ち物チェックリスト

宿泊ツーリング

持ち物チェックリスト

持ち物リスト	年 月 日 目的地	年 月 日 目的地	年 月 日 目的地	年 月 日 目的地
免許証＋本書	☐	☐	☐	☐
保険会社連絡先	☐	☐	☐	☐
健康保険証(コピー可)	☐	☐	☐	☐
お金(サイフにスペアキー)	☐	☐	☐	☐
クレジットカード	☐	☐	☐	☐
携帯電話(充電器)	☐	☐	☐	☐
地図	☐	☐	☐	☐
積載用ゴム(予備)	☐	☐	☐	☐
眼鏡・目薬(予備のコンタクト)	☐	☐	☐	☐
筆記用具	☐	☐	☐	☐
カメラ＋三脚	☐	☐	☐	☐
帽子	☐	☐	☐	☐
レインウェア(ブーツカバー＋レイングローブ)	☐	☐	☐	☐
バンダナ or ハンカチ	☐	☐	☐	☐
ファーストエイドキット(救急用品)	☐	☐	☐	☐
寒い場合の防寒用ウエア(フリースなど)	☐	☐	☐	☐
緊急用行動食	☐	☐	☐	☐
ツールナイフ	☐	☐	☐	☐
小型ライト(懐中電灯)	☐	☐	☐	☐
カイロ	☐	☐	☐	☐
コンビニ袋	☐	☐	☐	☐
車載工具＋必要な工具(ガムテープ・針金など)	☐	☐	☐	☐
パンク修理キット(チューブレスタイヤの場合)	☐	☐	☐	☐
洗面用具(爪切り)	☐	☐	☐	☐
タオル	☐	☐	☐	☐
女性は化粧品など	☐	☐	☐	☐
着替え(部屋着や街着)	☐	☐	☐	☐
コーヒーカップ	☐	☐	☐	☐
サンダル or スニーカー	☐	☐	☐	☐
※さらに、あればイザという時に助かるモノ				
左右レバー＆リペアキット	☐	☐	☐	☐
洗剤＆物干しひも	☐	☐	☐	☐
トイレットペーパー	☐	☐	☐	☐
軍手	☐	☐	☐	☐

持ち物チェックリスト

キャンプツーリング 持ち物リスト	年 月 日 目的地	年 月 日 目的地	年 月 日 目的地	年 月 日 目的地
免許証＋本書	☐	☐	☐	☐
保険会社連絡先	☐	☐	☐	☐
健康保険証(コピー可)	☐	☐	☐	☐
お金(サイフにスペアキー)	☐	☐	☐	☐
クレジットカード	☐	☐	☐	☐
携帯電話(充電器)	☐	☐	☐	☐
地図	☐	☐	☐	☐
積載用ゴム(予備)	☐	☐	☐	☐
眼鏡・目薬(予備のコンタクト)	☐	☐	☐	☐
筆記用具	☐	☐	☐	☐
カメラ＋三脚	☐	☐	☐	☐
帽子	☐	☐	☐	☐
レインウェア(ブーツカバー＋レイングローブ)	☐	☐	☐	☐
バンダナ or ハンカチ	☐	☐	☐	☐
ファーストエイドキット(救急用品)	☐	☐	☐	☐
寒い場合の防寒用ウエア(フリースなど)	☐	☐	☐	☐
緊急用行動食	☐	☐	☐	☐
ツールナイフ	☐	☐	☐	☐
小型ライト(懐中電灯)	☐	☐	☐	☐
カイロ	☐	☐	☐	☐
コンビニ袋	☐	☐	☐	☐
車載工具＋必要な工具(ガムテープ・針金など)	☐	☐	☐	☐
パンク修理キット(チューブレスタイヤの場合)	☐	☐	☐	☐
洗面用具(爪切り)	☐	☐	☐	☐
タオル	☐	☐	☐	☐
女性は化粧品など	☐	☐	☐	☐
着替え(部屋着や街着)	☐	☐	☐	☐
コーヒーカップ	☐	☐	☐	☐
サンダル or スニーカー	☐	☐	☐	☐
シュラフ(シュラフインナー)	☐	☐	☐	☐
テント	☐	☐	☐	☐
グランドシート(ブルーシートで代用可)	☐	☐	☐	☐
テントマット	☐	☐	☐	☐
小型イス(折りたたみ式)	☐	☐	☐	☐
クッカーセット(鍋フライパンセット)	☐	☐	☐	☐
バーナー(燃料)	☐	☐	☐	☐
調味料	☐	☐	☐	☐
水タンク(最低2ℓ位は必要)	☐	☐	☐	☐
調理用ナイフ(携帯まな板)	☐	☐	☐	☐
洗剤・スポンジ	☐	☐	☐	☐
アルミホイル	☐	☐	☐	☐
箸・スプーン・カップなど	☐	☐	☐	☐
食材(現地調達可)	☐	☐	☐	☐
嗜好品(コーヒーなど)	☐	☐	☐	☐
トイレットペーパー	☐	☐	☐	☐
軍手	☐	☐	☐	☐
※さらに、あればイザという時に助かるモノ				
左右レバー＆リペアキット	☐	☐	☐	☐
洗剤＆物干しひも	☐	☐	☐	☐
	☐	☐	☐	☐
	☐	☐	☐	☐